The Hidden Universe
Adventures in Biodiversity

隱藏的宇宙

生物多樣性, 關於物種、基因、演化、功能和生態系統的驚奇故事

Alexandre Antonelli 亞歷山卓．安東內利——著

鐘寶珍——譯

目錄

只要自然棲息地與物種尚存，就還有希望

　　接任英國皇家植物園邱園（Kew Gardens）科學主任，在全世界最頂尖的植物與眞菌研究機構之一工作，是我小時候從未夢想過的責任與榮耀。我成長的地方鄰近巴西東南部的大西洋海岸雨林，就是這片涵養各種生命且繽紛多彩的美麗森林，孕育了我對大自然所有的熱情。我蒐集過無數的昆蟲、種子、果殼與其他東西，把它們全都仔細分類、貼上標籤，然後安置在盒底黏了保麗龍板的舊鞋盒裡。

　　做這些事讓我樂趣無窮，但也讓人挫折無比，因爲我在市立圖書館中那些有關生物的翻譯書籍裡，很難查到我所發現的東西叫什麼名字。爲什麼我們不知道所有生存在地球上的物種？這個來自童年、想找出隱藏的動植物世界的興趣和渴望，在整個求學過程與工作生涯中，一直伴隨著我，不管是在巴西度過的青少年與大學時期，或是後來移居到妻子的故鄉瑞典之後。我和妻子安娜相識於加勒比海烏提拉島（Utila）上的潛水學校，在我們一起從事潛水長工作並探索大海的那幾個月裡，都對珊瑚礁那無與倫比的美麗深深著迷且熱中不已。

　　我揹著一個只裝了睡袋、幾本厚重字典和一些衣物的小背

包遊歷了三年，之後終於決定竭盡所能地成爲一個生物學家。於是我重返校園，完成大學生物系的學業，隨後再到瑞典的哥特堡大學（University of Gothenburg）攻讀熱帶美洲生物多樣性演化的博士學位。從研究所畢業後，安娜和我帶著三個年幼的孩子搬到瑞士，我在那裡繼續進行有關南半球植物多樣性演化的博士後研究。

2010年，我們回到瑞典，而我也接任了哥特堡植物園科學館館長的職位；這座植物園收藏了最豐富多樣的北歐地區活體植物。同時，我也成立了安東內利實驗室（Antonelli Lab）這個研究小組，由一群背景多元的學生及研究者共同合作，針對生物多樣性科學進行跨科際研究。我很幸運在年輕之時就晉升成爲生物多樣性暨系統分類學教授，並於2017年成立哥特堡全球生物多樣性中心（Gothenburg Global Biodiversity Centre），擔任首屆主任。

就在我結束美國哈佛大學一學期的休假研究，再度回到家中時，有人跟我聯繫了申請邱園目前這份工作的事宜。我爲這個天大的機會感到興奮激動，於是從2019年2月開始，接手了邱園科學主任這個職位。不久，牛津大學邀我擔任客座教授，更加擴展了我在植物科學上的學術網絡。

我在研究工作裡，試著解答一些宏觀的大問題，例如：熱帶雨林整個生態系統的起源與演化，或生物多樣性在時間和空間上是如何演變，以及將會如何繼續變化等等，這條研究路線最適合歸入**生物地理學**（biogeography）[1]的領域。

雖然我接受的是植物學家的訓練，所蒐集的研究對象也大多是植物，但我也探討各種各樣的生物，包括蛇類、蜥蜴、兩棲類、鳥類、哺乳類、昆蟲、蕈類或細菌等，目的是探索並理解生物多樣性所隱含的普遍模式。我也研究**化石紀錄**（fossil record，歷經地質時間，保存在岩石沉積物中的滅絕生物序列），與同事合作開發新的方法與分析方式，以推演在地球深遠的生命史中，氣候變遷及其他事件是如何影響物種，而我們又能從過去學到多少，以便對未來發生的事做出更好的預測。我何其幸運，能夠與幾百名優秀的研究者共事並合力發表論文，其中有些人已經與我合作多年。

然而，我也逐漸意識到，這種熱愛從早年在巴西，一路到後來從事學術工作一直在增長，但那個我如此熱愛的大自然，正飛快地從我眼前消失。過去幾十年所累積的科學證據不僅多不勝數，也無庸置疑：人類正活在一種生物多樣性與氣候變化的緊急狀態中。因此，我們必須齊心協力，全力遏止迫在眉睫的災難與正在發生的損失。

「領悟到人類正深陷於環境危機之中」，這似乎是件糟糕的事，但我從自己的研究工作中深切體認到：亡羊補牢，猶未晚矣。只要自然棲息地與物種尚存，就還有希望；只要具備對自然界的知識並有守護它的意願，並且能夠形成一種以更永續的方式來塑造人類未來的動機。

這也是我撰寫這本書的原因。我的目標是帶你體驗一趟脈絡清晰的自然之旅，以最根本的背景知識為起始，直至人人都

能採取的實際行動。

本書的第一部分，分享了我在「什麼是生物多樣性」這方面的多年研究心得，我會舉例說明這個多面向概念的各種要素，並點出我們知識裡的關鍵缺口，而這會以某些方式對照出我們在整個宇宙所進行的那些引人入勝的探索。第二部分則是探討「生物多樣性為何重要」的課題，從實用和道德等不同角度，思考它的許多用途與價值。第三部分是概述生物多樣性現今所面對的主要威脅與其根本原因，以及這些原因如何經常相互牽動。

最後一部分的焦點，則在於說明若想保護全球減損中的生物多樣性，我們還剩下哪些機會，這包括了政治人物與企業團體的角色，到個人所能發揮的作用。我偏向從自己的研究與同事的工作中提供例子，因為那是我最熟悉且最直接的經驗。不過，我得強調，這些努力都是與全球各地的組織及研究人員密切合作的成果，因為地球的未來得仰賴所有人齊心合作，若想獲致成功，像這樣的夥伴關係絕對不可或缺。

儘管身為研究者、教授者、管理者與學術領導者多年，這些經歷也讓我有充分的機會深深浸淫在生物多樣性的世界中，然而，現今的我還是一如既往地對自然界充滿好奇與驚歎，也從未停止提出那些最根本的問題。在本書中，我試著為你回答這些問題，並連帶解釋了建構這個星球上所有生命的要素。希望這能進一步激發你來分享我對這些寶貴的自然生命的熱情——這些神奇的生命，就是我們隱藏的宇宙。

註釋 ————

1. 原書註：詞彙表裡所定義的名詞，在內文首度出現時會以粗體標示，其完整定義請參見詞彙表。

背景知識：兩個宇宙

SETTING THE SCENE: TWO UNIVERSES

一百多年前，一個名叫愛德溫・哈伯（Edwin Hubble）的三十歲青年，找到了一份在洛杉磯城外威爾遜山天文台（Mount Wilson Observatory）的工作，擁有一個讓所有天文學家都羨慕嫉妒不已的機會：操作當時功能最強大的望遠鏡。一天晚上，當他把這架望遠鏡對準天邊一小片名叫仙女座星雲（Andromeda Nebula）的朦朧星空時，有了驚人的發現：這個過去多數人總以為只是氣體與星塵的天體，事實上是個截然不同的星系，而且根據哈伯的估計，它離我們約有一百萬光年那麼遙遠。在那之前，天文學家總以為人們所看得到的一切，都屬於銀河系──也就是已知宇宙的代名詞。

　　哈伯的發現，是建立在許多前人累積的知識與奉獻的心血上。他們也曾經同樣熱切地試圖解釋並量測自己在天空看到的現象，其中一些人直到今天都還是科學史上的無名英雄。1893年起服務於哈佛大學天文台的亨麗埃塔・勒維特（Henrietta Leavitt）就是一例；因為性別之故，她在幾乎只有男性同僚的天文學界並未得到應有的認可，然而，發現有效測量星體距離方法的人，正是勒維特！也是拜此方法之賜，哈伯才有辦法估算可觀測的宇宙。接下來的那些年，哈伯又繼續定位出許多在銀河系以外的其他星系。

　　1990年，因為一部太空望遠鏡，人類的太空探索再現熱潮，而這部望遠鏡被冠上「哈伯」之名以向他致敬，或許一點都不意外。它以無比清晰的彩色影像告訴我們，宇宙遠比任何人所能想像的更浩瀚無垠，更教人驚歎。

現今的天文學家甚至認為，在可觀察的宇宙裡，總共有多到令人咋舌的兩千億個星系及十億兆顆恆星。讓我們試著從以下角度來理解這些數字：如果每顆恆星都跟豌豆一樣大，這個數量不僅可以覆蓋整個地球，還能在地表堆出兩公里厚的「豌豆」層。我們無從得知太空中有多少行星，不過自從第一顆系外行星（即在太陽系之外、環繞恆星運行的星球）在1995年獲得確認以來，科學家至今已經發現了四千三百多顆，而且數量還在持續增加中。

　　至於在地球這顆行星上，代表各種各樣生命的**生物多樣性**（biodiversity），就是我們的「隱藏的宇宙」。它的構成要素比大部分人了解得更豐富、更多樣、更複雜，且更緊密交織。

　　在人類的演化史上，我們的老祖宗在食物、遮蔽處與舒適性等基本需求的引領下，很早就開始在非洲四處探索生物多樣性。幾十萬年來，他們幾乎嚐遍了自己接觸過的東西。他們以感官來探索生活周遭的植物，並觀察其他動物吃什麼，然後發現有些植物的地下根莖雖可食用，葉子吃了之後卻會生病；有些果實香甜多汁，有些卻苦澀無比；還有一些最好敬謝不敏。他們的食物清單內容逐漸擴增，除了納入植物的不同部位，還有蕈菇及哺乳類、鳥類、魚類、昆蟲、蜘蛛等動物。他們也學到哪些木材最適合生火，哪些動物的毛皮最保暖，以及哪些果實最教人垂涎。

　　當人類的祖先離開東非，來到世界其他角落時，他們有了新發現。每踏上一塊大陸，他們就立刻展開對新自然環境的探

索。當地可獲取的獵物通常綽綽有餘，只是如果不先學會如何捕捉，就得靠搜尋腐屍來滿足自己。

他們採集各式各樣的堅果與野莓，有些地方的動物雖然比較容易獵取，可是數量並不多，好比印尼的弗洛勒斯島（Flores）。這個島的面積非常迷你，而且食物資源有限，以致當人類祖先的一支大約在一百萬年前來到這裡之後，在自然天擇長期更有利於小個子的發展下，島上演化出了個別的**物種**（species）。成年的弗洛勒斯人（*Homo floresiensis*）身高大約只有一百公分高，比今天絕大多數侏儒症患者都更矮小，跟島上的特有種侏儒象則差不多高。至於在黎凡特（Levant）[1]地區，現代人類（*Homo sapiens sapiens*）的另一支遠親，也就是廣泛分布在非洲與歐亞大陸長達一百五十多萬年的直立人（*Homo erectus*），則以身體富含脂肪的大象、河馬、犀牛與其他大型動物做為食物來源。

當人類祖先的腦容量與認知能力有所增長，他們在發展獵捕及處理動植物的工具上，也愈見精進。幾千種地方語言的出現，讓他們能彼此溝通，並在有關周遭物種及其用途的知識上互通有無。根據考古證據，中國早在八千多年前就開始使用草藥；而四千多年前，蘇美人所留下的文字記述，也顯示他們使用孜然、薄荷和甘草這些植物。

在大部分有關物種的知識都是透過口說來傳述的同時，希臘人則是試圖整合當時所有可得的知識。西元前四世紀的亞里斯多德（Aristotle），寫下了他所知道的有關動物的一切；之後

不久，他的弟子泰奧弗拉斯托斯（Theophrastus）也有樣學樣，只是他記錄的重點是植物。

有關物種的知識繼續累積，新的發現也不斷在進行。有愈來愈多作物經農人試種成功，這不但提高了人類食物中所具有的營養價值，也擴展了栽種糧食作物的氣候與區域範圍。傳統中國醫學以許多不同動植物入藥來治療各種病痛爲特色，在東亞許多地區愈來愈受歡迎。

林奈命名法的出現

不過，西方社會在十七、十八世紀跨入科學革命之前，情況卻變得一團混亂。有關動植物的知識，在歐洲有將近兩千年的時間，完全缺乏統整歸納性的記述；而且來自不同國家的人，在物種知識的交流上也充滿障礙。

即使使用同樣的語言（在科學家之間通常是拉丁文），也沒有一套標準方法來爲物種命名。例如犬薔薇（Dog Rose）這種歐洲常見的野薔薇，其果實在乾燥並除去多纖毛的種子後，可以製成滋養湯品；有人稱它爲 Rosa sylvestris inodora seu canina，也有人稱它爲 Rosa sylvestris alba cum rubore folio glabro，簡單說就是各命其名，各行其事。不僅要學會一物種所有可能的名稱是個負擔，更可怕的是那些名號經常又臭又長、艱澀拗口。誤會是家常便飯，結果卻可能是一場災難。舉例來說，某些來自胡蘿蔔家族最好的食物與香料，包括胡蘿蔔、西洋芹、茴芹、芫荽及洋香菜，經常因爲相似的花與葉，

容易與一些已知毒性極強的野生植物產生混淆。

為這些混亂帶來秩序的人，就是瑞典的自然學家卡爾・林奈（Carl Linnaeus）。林奈在鄉下長大，身邊總不乏農場動物與豐富的野生植物，他在孩童時期就已經非常熱中於蒐集，甚至還請父親幫忙命名他所發現的一切，不管是花草、昆蟲或魚類。他騎著馬周遊全國各地，把所有看到的物種都一一採集樣本並詳細記錄下來。

1735年，二十八歲的林奈出版了他的《自然系統》（*Systema Naturæ*）第一版，並在書中提出將所有生物都依層級嚴格分類的建議。就像一個套一個的傳統俄羅斯娃娃那樣，每個類別都包含在一個更大的類別裡：物種歸類成屬，屬再依次歸入科、目、綱、門，以及最上層的界。林奈運用這個分類系統，成為首位記下某些物種關係的科學家，例如，鯨、豚在親緣關係上，比起跟鮪魚這樣的魚類，其實更接近豬這類陸生哺乳動物，儘管牠們在長相和行為上天差地別。

不過，或許最重要的一點，是林奈提議以「二名法」來為每種物種命名：如家貓叫 *Felis catus*，遊隼是 *Falco peregrinus*，*Rosa canina* 則是前述的犬薔薇。這個命名法及分類系統是如此簡單易用，不僅對許多人來說是如釋重負，在經過許多改良之後，也得以保存至今。[2]

林奈既非唯一，也不是最早試圖理解自己周遭的動植物與蕈類，並將其加以分類的人。有個特殊的科學領域叫「民族生物學」，探討的就是原住民在整個歷史過程中，如何以自己的

系統來記述、利用並了解物種。儘管以單一科學系統為物種命名，非常有利於在世界各地進行交流或從事保育，但這絕不是一種對其他觀點與作法的價值批判。像我這樣的科學工作者，之所以被訓練並繼續使用林奈的系統，與殖民勢力的歷史遺產及大學高等教育的傳承密切相關，而這是人類在往科學之路邁進時，必須承認與挑戰的重要事實。

跨海探索自然界

林奈努力的成果，啟發了許多追隨他腳步的學者，一個探索自然界的科學新時代於是展開。他有好幾個弟子不惜千里，前往遙遠的南非、智利、澳洲、日本、北美洲與阿拉伯半島進行長期考察，以記錄當地的動植物生態。然而，這樣的遠征並非毫無風險，有好幾位就不幸在旅途中英年早逝。

在倫敦，探險家暨博物學家約瑟夫・班克斯（Joseph Banks）建議英王喬治三世把植物學家送到世界各地，去尋找珍貴的植物，像是那些可以生產橡膠或奎寧的樹，並把它們帶回英國。於是，在科學好奇心的驅使，以及歐洲帝國主義的財富與社會潛在不公的助力下，某些西方社會最重要的博物學家，找到了獨力探索自然世界的機會。例如，德國地理學家暨博物學家亞歷山大・馮・洪保德（Alexander von Humboldt），就探索了委內瑞拉的莽原及安地斯山脈，揭露地質、氣候與物種間如何密切關聯，而這至今依然是生物科學與氣候變遷研究的核心。

英國生物學家亞爾佛德‧羅素‧華萊士（Alfred Russel Wallace）則調查記錄了馬來群島與亞馬遜地區的動物，揭示了各大陸與各生態系統在生命形式上的驚人差異，有助於我們了解物種是如何適應環境的。與他同時代的查爾斯‧達爾文（Charles Darwin），則是搭乘隸屬英國皇家海軍的小獵犬號（HMS Beagle）環遊世界，一路研究各地的動植物，而讓他尤感興趣者，就是加拉巴哥群島（Galápagos Islands）上的雀鳥。他發現各個島上的雀鳥都有著不同的嘴喙，這是一種適應當地食物來源的演化結果。

達爾文與華萊士各自且幾乎同時發展出的演化理論之根據，就是來自那些探索旅途中的觀察；而這個理論帶給生物學的衝擊與影響，堪比愛因斯坦的相對論之於物理學與人們對宇宙的了解。

物種知多少？

在人類不斷發現物種的更多新用途的同時，已知物種的數量也一直在增加。泰奧弗拉斯托斯在他那本內容詳盡、大約完成於西元前 300 年的《植物史》（古希臘文為 *Peri phyton historia*，拉丁文譯為 *Historia plantarum*）中，總共登錄並描述了古希臘人當時已知的五百種植物。而林奈在他勤奮多產的一生劃下句點之前，則傾力正式命名了四千四百多種動物與七千七百多種植物。

其實，林奈本身到過的地方最南也不過是荷蘭，然而，憑藉著同僚與弟子不斷從遠方寄來的物種樣本，他也意識到自己的分類系統，離涵蓋地表所有物種還有一段距離。不過，林奈一直到死前都認為，地表的物種總數不可能超過一萬八千種。只有時間能證明這個估計值完全錯誤，而且它與事實相差了不只十萬八千里遠。

隨著歐洲旅行者從遊歷中帶回各種標本當紀念品，還有身處異域多年的探險家把自己所發現的一切都採集為樣本，歐洲的生物收藏也愈來愈豐富。而一開始被當作珍奇閣，好讓有錢人展示大貝殼、海椰子或雙胞連體哺乳動物的炫耀式獵奇，也很快地擴展為包括嚴肅且記載詳盡的收藏。

一百七十幾年前，在我目前所任職的機構，也就是位於倫敦西南的皇家植物園邱園，首任掌管者威廉‧虎克（William Hooker）也是當時私人領域中最傑出的植物標本收藏者，他用來自世界各地的**植物標本**（herbarium specimens），塞滿了私宅裡的五個房間，另有三個房間放滿了相關書籍。植物標本（圖1，見P.23）是一種壓製在紙上並附帶詳細標籤的乾燥植物樣本，通常包括植物的根莖、花或果實等部位；這些會在分類專家識別確認後，再正式存入公共植物收藏中。

虎克的收藏在他死後被國家收購，並於1877年被安置在邱園首座為特定目的建造的植物標本館中。隨著大英帝國的擴張，以及英國政府在植物領域不斷地探索，邱園幾乎每三十年就得擴建一翼。因此，目前在園區所涵蓋的龐大建築群裡，有

著據信是全世界最豐富的植物標本收藏，館藏標本超過七百多萬件！

綜觀世界，其他區域的國家植物標本蒐集，也在此時開始累積。澳洲目前最大的植物標本館，在1853年成立於維多利亞；南美洲最大的植物標本館，在1890年成立於里約熱內盧；亞洲最大者，則是1928年成立於北京。目前全球大約有三千家運作中的植物標本館，總共容納將近四億件標本。結合所有收藏動物及其他生物標本的機構，例如倫敦自然歷史博物館或紐約市立美國自然歷史博物館，這些生物收藏為我們提供了有關地球生命最基本且最重要的資訊來源。

所以，我們的星球到底有多少物種呢？在這個數位時代，鑑於那些生物標本館的大量館藏，或許你會以為要回答這個問題，只要把它們全部加總起來就好了。把資料庫裡的項目加總，是超市知道自家銷售的商品總數，或政府知道每年出生人口的方式。然而，就植物和動物群而言，這種方法會出現兩個

圖1：皇家植物園邱園館藏植物標本之一。 除了壓製、乾燥化的標本外，這張檔紙上還包括了：採集地點與時間的資訊、採集者姓名、發現地點的環境描述、活體植物的特徵、學名（與名稱演變），以及任何能更充實此標本相關知識的資訊。它所附帶的一些有遺失風險或特別脆弱的種子、花或果實，有時會另外置入信封並固定在同一張檔紙上。目前全球各界都在努力將這些植物標本數位化，以使其相關資訊能免費且更容易讓人取得。

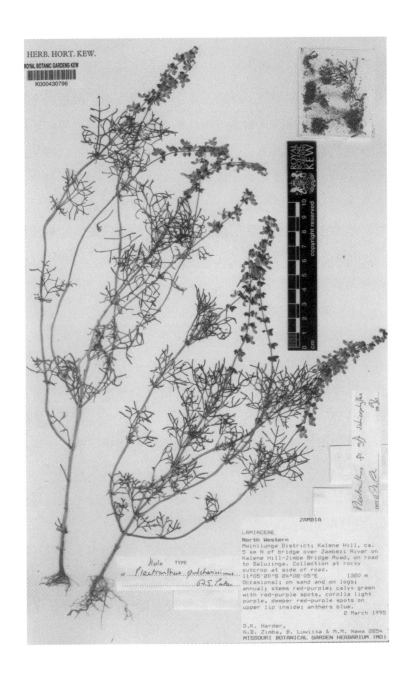

ROYAL
BOTANIC
GARDENS
KEW

copyright reserved

ZAMBIA

LAMIACEAE
North Western
Mwinilunga District; Kalene Hill, ca.
5 km N of bridge over Zambezi River on
Kalene Hill-Jimbe Bridge Road, on road
to Salujinga. Collection at rocky
outcrop at side of road.
11°05'20"S 24°08'05"E   1320 m
Occasional; on sand and on logs;
annual; stems red-purple; calyx green
with red-purple spots, corolla light
purple, deeper red-purple spots on
upper lip inside; anthers blue.
                              2 March 1995

D.K. Harder,
N.B. Zimba, B. Luwiika & M.M. Nawa 2854
MISSOURI BOTANICAL GARDEN HERBARIUM (MO)

Holo   TYPE
Plectranthus pulcherrimus
                    A.J. Paton

問題。

　　首先，我們還沒能做到把每個收藏的標本正確命名。許多標本從一開始在辨識上就錯誤百出，要再度以正確且合乎科學的方式來描述並為其命名，可能得花上幾十年甚至幾世紀的時間。它們有許多被賦予了多個學名，在某些最極端的例子中甚至有十幾個學名（生物學家喜歡新發現，而如果某物種擁有許多自然變種，被誤認為新種也是可以理解的情況）。

　　事實上，將某一物種描述為科學上的新發現，經常比釐清一個可能的新物種是否曾經被命名更容易，因為後者得仔細檢驗所有長得很像的物種。

　　有些標本雖然疑似科學上真正的新種，卻不見得具備所有能確定這一點的必要特徵（例如，花或果實經常是辨別物種的關鍵，但有些植物標本卻少了這些部分）。況且，物種無國界，如果科學家想了解某特定生物群（如嗤嗤蠅、雞油菇真菌或風鈴草）有多少物種，就必須比較許多來自不同地區的標本，常常還得親自探訪當地，以進行研究並更了解不同變種的**形態**（form）與行為。這份工作或許某些人聽起來很夢幻，事實上卻相當艱難，因為它需要大量的時間與金錢，在政局動盪或疾疫肆虐的地區，情況會變得更棘手。

　　第二個、同時也是更大的問題，是我們根本不知道「那裡還有什麼」。就像天文學家一直在愈來愈遠的太空中發現新星系，只要觀察得夠仔細，我們也幾乎能在任何地方發現新物種。我有幸能遊歷世界各地，在物種原生的棲息環境中進行研

究，但即使我的主要目的並不是尋找新物種，它們還是免不了會冒出來讓我發現。

有一次，我們在秘魯進行探勘，第一天我就在一條森林小徑上，撞見一根從十公尺高的樹上掉下來的大樹枝。我本來想把它隨手丟到路旁，卻立刻注意到那上面有花，甚至還帶著果實。因此，我拿出放大鏡，仔細觀察它的葉片排列方式與花朵的細部，很快就認出它是哪一科的植物──是某種咖啡的遠親，但到底是哪一種，我完全摸不著頭緒。

於是，我折了一段塞進塑膠袋裡，並在當天傍晚拿給同事克拉斯‧佩爾森（Claes Persson，幸運的是，他正好是這類植物的專家），他立刻知道這是從未被正式命名過的物種。事後，它被證明是牛眼棠屬（*Cordiera*）的一個新物種，其下大約有二十五個種，只分布在熱帶美洲。我們後來把它命名為 *Cordiera montana*，以標示安地斯山是這個物種的原生地（目前已知可見於秘魯及厄瓜多）。

另一個科學新發現，則是一種體長約十五公分的大壁虎，那是我和學生在莫三比克北部一處地形崎嶇的裸岩區發現的。當天，我們已經在炙熱的驕陽下徒步了數個小時，身上背著好幾天份的飲水和食物。日落之後，氣溫略降，我們又帶著頭燈在附近走了一會兒；夜色如墨，四周一片漆黑，但我們突然看到一塊巨岩下有雙亮晶晶的眼睛在回瞪著我們。一個名叫哈里斯‧法魯克（Harith Farooq）的學生大膽地往前一躍，並想辦法抓到了牠，代價則是身上有無數大小的刮傷。雖然這名學生

本身就來自這個區域，對當地的蜥蜴種類也瞭若指掌，但從未見過長得像這樣的爬蟲類。

這隻大壁虎在很多方面都教人驚歎：不僅體型很可能是莫三比克最大，全身也覆滿漂亮的花紋，一雙大黃眼，鼻孔四周帶環紋，還有輕輕一碰就脫落、極度脆弱的皮膚，這是牠得以從掠食者身邊脫逃的絕技。而且就像我們後來在那次考察中的作息，整個白晝牠都處在睡眠狀態，只在稍微涼爽的夜晚活動。不過，這到底是一種沒被記錄過的新物種，還是艾拉肥趾壁虎屬（*Elasmodactylus tetensis*）這個已知物種（可見於離我們所在地幾百公里外之處）的一個未知族群，至今尚未釐清。但不管答案為何，這都是一個讓人興奮的發現。

要在熱帶地區發現新物種，其實沒那麼困難，只要你熟悉這類物種，知道自己要找什麼，並且去那些生物學家很少造訪的地方。植物學家夏洛特・泰勒（Charlotte Taylor）就是一個最好的例子，她任職於在植物科學與保育上都享譽國際的美國密蘇里植物園（Missouri Botanical Garden），而且所關注的對象跟我的博士論文一樣，主要是探究南美洲的植物，為目前活躍的植物學家中，研究成果最豐碩者之一。泰勒大約描述了五百種新植物種，還為其他四百多種雖然已知、但必須重新分類者（例如，透過新發現證明其原有分類錯誤，應該歸入另一屬）確定名稱。就像我在南美洲時有幸經歷過的那樣，能與知識如此淵博的人共同進行田野工作，是一種很棒的經驗。

然而，即使是在瑞典（這是林奈出生的地方）這個被研究

得很透徹的國家，你還是有可能成為幸運兒，尤其是你對那些隱晦的、很少受賞識的生命別具熱情的話。2007年，有十幾個來自不同國家的學者，受邀到瑞典的一座美麗島嶼蒂亞諾（Tjärnö）度過兩週，島上有個哥特堡大學的研究站。此行的目的很簡單：搜尋研究站附近的新種微小型生物。他們不用負擔任何花費，就可以使用配有撈取沙泥樣本之設備的船隻，並取得所需要的任何東西。最後的結果讓人驚歎：他們總共發現了二十七種未知物種，其中包括十三種新的橈足亞綱甲殼動物，是每座湖泊及海洋裡多不勝數的蝦兵蟹將的親戚。

有鑑於至今還有許多未知物種和屢見不鮮的新發現，如果說地球的總物種數頂多只是一種有根據的猜測估算值，或許一點也不奇怪。目前有科學記述的物種大約三百五十萬種，而學者專家相信，那當中至少有一半應該是「同義詞」；也就是被重複記述，所以有兩個、三個甚至更多名字，但其實只有第一個描述及命名能獲得認可，那麼就會剩下一百八十萬種「有效」物種，而在此之外，就是任人猜測，天曉得了。

1970年代初，曾有美國學者在巴拿馬雨林的某單一樹種下鋪上巨大的毯子，然後朝其樹冠噴灑致命毒氣，以觀察有多少種昆蟲會暴斃落地。結果發現，單單在一種樹上，就住了將近一千種各式各樣的甲蟲！[3]雖然這種取樣方式引來了道德上的質疑，而且現今也有比較不具毀滅性的方法可採用，但當時這項研究獲得了相當正面的評價，也成為轟動一時的大新聞。

時至今日，我所認識的許多生物學家，似乎都滿意於大約有八百七十萬種物種生活在海洋與陸地這樣的估算。但這或許更顯示出，他們對於猜測一件現在沒有人能真正證明的事，根本不感興趣。可以確定的是，這個數字會變，而且最大的可能性是變大。

過去幾十年來科技的發展，讓我們能偵測到那些體型更小、非常罕見或特化的物種。現在，我們能評估那些以前到不了的地方的生物多樣性，從深海的海底熱泉，到巴布亞紐幾內亞的茂密森林。身為科學工作者，我們也愈來愈常在自己的生物收藏裡遇見未知的物種，例如只長在特定植物種子裡的真菌，或植物標本枝葉上的苔蘚與地衣。

尤有甚者，這個八百七十萬的估計值，還沒算進物種多樣性中非常重要且為數可觀的一部分：細菌與**古菌**（Archaea）。就這兩群生物而言，物種的界線與定義是更不明確的。一些認真計算過的學者認為，一旦把這兩類涵蓋在內，實際上與我們共享這顆星球的物種，可能高達一兆種！相較之下，我們所在的銀河系據估計有一千億到四千億顆恆星。這顯示出還在等著我們去發現與了解的，是一種怎樣驚人的未知。

要弄清楚今天地表究竟有多少物種，還不足以構成一種挑戰，若想真正了解物種多樣性，我們絕不能忘了檢視那些已經滅絕的物種，而這一點可以透過回溯化石紀錄來進行。憑藉著數百萬件在世界各地發現的化石標本，並結合預測還有多少尚未被取樣的統計模式，結果顯示99.99%曾經存在過的物種，

其實都已經滅絕了。因此事實非常明顯，我們對地表生命了解的程度，根本連皮毛都稱不上。

掀開生命「暗物質」的面紗

在探索宇宙的領域裡，天文學家得拜望遠鏡這項科技之賜，才有了驚人的躍進。生物學家同樣也得感謝科技，但這項顛覆性科技不是顯微鏡，而是DNA定序，也就是用來測定DNA分子鹼基（包括腺嘌呤、胞嘧啶、鳥嘌呤與胸腺嘧呤）排列方式的實驗室技術。DNA分子內含了建構與維持生命體的生物指令，雖然發現於達爾文的時代，但科學家一直要到1953年才真正釐清它的雙股螺旋結構，而且到更晚的1990年代，才把它運用在生物多樣性的研究上。

一開始，這是一項重大工程，科學家總共花了十三年的時間與據估二十七億美元的研究經費，才首次測定出人類的**基因組**（Genome）；現今，你能以三百美元以內的費用，在幾天內拿到自己的定序結果。如果你只想測定部分基因組，例如得知祖先的血統或自己是否有某種特定疾病的遺傳傾向，所需的花費甚至更低。在眾多科學新發現裡，DNA的定序技術讓人類在地表現存的萬千生物中找到了定位；正如望遠鏡也讓我們在浩瀚的宇宙中，找到自己的星球所在（圖2，見P.31）。

例行的DNA定序為我們提供了過去無法想像的可能性，也就是根據基因差異來識別物種。幾年前，我指導了一位來自

巴西的博士班學生卡蜜拉‧杜亞特‧里特（Camila Duarte Ritter），她用幾個月的時間橫越亞馬遜雨林，並從不同棲息地採集土壤樣本。回到實驗室後，她為那些樣本裡的所有生物做了DNA定序，然後試著把這些序列跟其他學者過去的測定進行配對。然而，由於大部分的序列在資料庫中找不到可配對者，因此她也無法確認這些物種的學名。

在這類案例裡，科學家通常會認為差異超過3%的DNA序列，應該就是不同的物種，所以這樣的結果讓人目瞪口呆。在相當於一茶匙分量的土壤中，她發現了一千八百多種「基因物種」，其中大約有四百種是真菌。你可能很熟悉香菇、松露、酵母菌或黴菌，但在聽到已經有十五多萬種真菌被正式記述，而且根據估計真菌至少有三百萬種時，應該還是會感到驚訝。

擁有很高但未被充分探索的生物多樣性，並非熱帶雨林的專利。事實上，我們不需捨近求遠，就可以見證到同樣驚人的例子──從我們自己的身體開始。它們不僅在我們的皮膚與毛髮上，也在體內的腔腸中，一個健康的個體是一萬多種微生物的家，而它們之中仍有一大部分在科學上尚未被記述，不管是

圖2：找到我們的位置。 下為哈伯球（Hubble Sphere），是一種以地球為中心來觀看宇宙的示意圖，人類目前的太空觀測極限為四百六十五億光年；上為生命之樹，描繪地球所有生命形式如何在三十五億年前共有一個祖先，是運用現存物種的DNA差異建構而成。

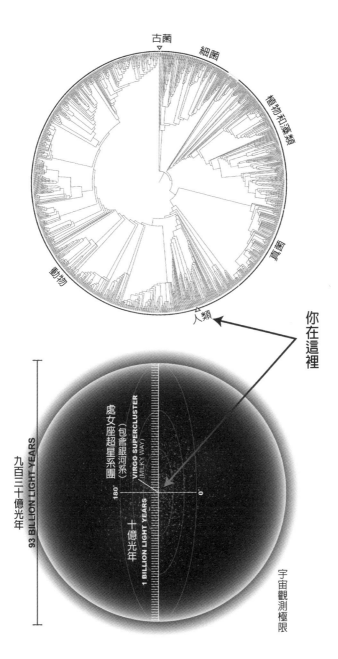

古菌

細菌

植物和藻類

真菌

動物

人類

你在這裡

九百三十億光年

93 BILLION LIGHT YEARS

處女座超星系團

（包含銀河系）

VIRGO SUPERCLUSTER
(MILKY WAY)

180°

0

十億光年

1 BILLION LIGHT YEARS

宇宙觀測極限

31

細菌、古菌、眞菌或病毒。它們的細胞總量，超過我們自身的細胞好幾倍；僅僅在腸道內與人共生的細菌，就擁有兩百多萬種不同的基因，比我們DNA所包含的基因大約多了一百倍。這個人類的生態系統，也就是我們身上的**微生物群落**（microbiome），提供了不計其數但罕爲人知的**功能**（functions），強烈影響著我們的身心健康、免疫力、內分泌及神經系統，並導致或預防各種疾病，從腸道發炎到癌症與憂鬱症。

嬰孩出生時，會繼承母體很大一部分的微生物菌種，然後在其人生的第一年裡，會有一千多種菌種定居在他的腸胃，留下終生的菌種印記。微生物菌種因個體和年齡而大不相同，經常隨著年歲漸增而日趨多樣。它跟我們的飲食息息相關，在個人與區域之間差異很大。醫療行爲會嚴重擾亂這個系統，尤其是抗生素的攝取，不過，我們整體的微生物群落終究會回到某種平衡狀態，即使它的菌種組合可能已經不同。

物理學家與天文學家還在尋尋覓覓他們所說的「暗物質」與「暗能量」，那是不可見的宇宙成分，用來描述我們所觀察到的宇宙動態。宇宙論者相信，暗物質與暗能量共同構成了95%的宇宙，但事實上，他們還苦於無法眞正了解暗物質與暗能量究竟是什麼。

生物學家所面對的情況很類似，在了解什麼是物種多樣性的漫長旅程上，他們也才剛剛起步。林奈曾經說過，你沒辦法了解你無法命名的東西。因此，找出所有的物種並將其命名，是最關鍵卻也是仍遙不可及的一步。這項任務或許得花上幾百

年的時間才能完成，除非當前記述物種的方法有所改進並加快速度，還有公共資金的投入大幅增加（這種情況下或許只要花上五十年的密集研究）。

不過，這確實只是漫長旅程中的第一步：為物種命名是一個跳板，這有助於我們了解物種在環境中的角色、對其他物種與人類有何益處，以及如果它們消失了或開始失控繁殖，又會發生哪些事。

險境中的生命

天文學與生物學之間有許多共通點：美好奇妙的探索、巨大的未知，還有我們都只是「星塵」的這個事實，因為幾乎所有地表元素都是由恆星的核心所形成。直到今天，每當我又認識到某些物種間奇妙的相互作用，還是跟童年聆聽父親講述那些星系及星球故事時一樣入迷；我的老家在巴西的坎皮納斯市（Campinas），當時我們會在夜裡一起到城外看星星。不過，這其中有個非常重要的差異，我小時候看的那些星星，直到現今在本質上還是一樣的，但當時在暗夜探險裡環繞著我們的森林，卻早已全數消失。

人類在探索地球生命的整個過程中，對周遭物種並沒有滿足於只是觀察、學習或謹慎地從它們身上得到好處，反而是留下影響深遠且經常不可逆的破壞。假若地球整個四十五億年的歷史能濃縮成一天，現代人類應該是出現在午夜降臨前的四到

六秒鐘，然而在這幾秒鐘之內，也就是智人（*Homo Sapiens*）存在的三十多萬年，這個世界變化之劇已經完全超乎我們所能理解。

在人類的搖籃東非，為了更方便看見與追逐獵物，人類放火燒掉大片莽原，而這種手段後來也被人類帶到了歐洲、亞洲、澳洲與北美洲。在第一批歐洲人踏上南美大陸前，亞馬遜雨林裡的原住民在幾千年來，一直在捕捉猿猴與齧齒動物，把他們最喜歡的可可、樹薯、巴西堅果等植物傳播到各處，並在那些長久被認為是地表最後自然淨土之一的森林裡，開墾大片土地。

從很多方面來看，世界各地的原住民部落在傳統上利用自然資源的方式，一直都是永續的；然而，我們卻無法對那些更後來才發生的變化，做出同樣的評論。從1950年代起，亦即我們那座世界之鐘指向午夜十二點前的一‧三毫秒，地表過去那種緩慢漸進式的演變，開始呈現出截然不同的樣貌，而且是一種規模龐大、無所不在、災難式的變化。

儘管那些驅使變化的因素早就存在，它們的強度卻在大部分地區都急遽增加了。就在這短短的幾十年裡，我們失去了地表四分之一的熱帶雨林，把促使地球暖化的一兆四千億公噸二氧化碳灌進了大氣層，並在這個星球上增加了五十億人口。

其結果是：當今物種消失之快，在人類歷史上很可能是前所未見。[4] 在每座島嶼、每塊大陸及每處珊瑚礁，都有相當比例的物種變得愈來愈罕見；而它們有一天會完全消失，永不復

返。也有好幾百種十六世紀還存在的植物與哺乳類、鳥類、蛙類等動物，目前已確定滅絕，而真實的數字肯定是數倍以上。今天科學家估計，所有物種中的五分之一將在未來幾十年內瀕臨絕種。如果這個預測真的應驗，這將可被列為新一波的「大滅絕」，即某時期的物種滅絕率遠大於正常背景值。在地球渺遠漫長的歷史中，只有五次公認的大滅絕事件；最後一次便是六千六百萬年前，一顆約十二公里寬的小行星在地球上撞出墨西哥猶加敦海岸所帶來的衝擊。而人類今天的所作所為，正「媲美」這顆小行星的效應。

如果說自然界的加速毀壞以及其所導致的物種消失，已經對我們的未來造成生存威脅，可一點都沒有誇大其詞。在周遭物種消失的同時，我們也失去了提供寶貴的食物、藥材、纖維、衣物及其他許多資源的來源，有太多物種我們都還沒開始探索，而說不定能幫人類度過下一次疫情或結束饑荒的關鍵就在那當中。

隨著亞馬遜地區繼續遭受大規模毀林，它的生態系統也正瀕臨一種越線之危，一旦越過那個臨界點，有大範圍的區域將可能永遠變成莽原，而這會大幅減少當地的降雨量與數千萬人所需的水源，並釋放出助長全球氣候變遷的巨量溫室氣體。

不過，即使物種多樣性在現今面對巨大的挑戰，我們還有時間可以扭轉全球性滅絕及地方性損失的這種負面趨勢，也有具體的方法策略。但行動需要投入熱誠，而情感連結最能引發熱誠，不過這是只能透過個人經驗而獲得的、對意義與目的的

深切感受。我相信你有自己最美好的自然體驗與回憶，不管是面對一隻背上掛著幼猴的母猴，看牠伸手來接你給的香蕉；還是來到一處海島懸壁，看著上面擠滿聒噪、騷動不已的海鳥；又或置身一座久旱多年逢甘霖而開滿鮮花的沙漠裡，我不認為有任何人能無動於衷。

　　無論你在沙發上看過多少部自然紀錄片，當你不只是觀看，而是真實成為那場景的一部分時，現實中所發生的事永遠會超乎你的想像。就本能或直覺而言，我們都是受過訓練的「生物學家」與「生命學習者」。而我相信，在我們以及後代子子孫孫的生命中，保持這種內在狀態的活躍，是建立人類能與自然共存共榮之世界的最關鍵要素。

　　愛德溫・哈伯不僅發現了類似銀河系的其他星系，也留意到那些「島宇宙」[5]似乎正在快速離我們而去。天文學上較近期有關暗能量的發現，也顯示出宇宙正在加速膨脹，而且速度可能比光速更快。如果事實真是如此，這意味著人類今天可觀測到的最遠星系，將以一種快到實際上等同於「消失」的速度在離開我們。

　　就像能發現及勘測地表生物多樣性的時間是有限的，人類要在宇宙中發現那些星系的時間也是如此。我們無法改變宇宙的運動，但已經改變了自己所生存之星球的運作狀態，而且不是以一種正面的方式。好消息是，我們能遏止這種自然環境惡化的趨勢，然而，想守護生物多樣性，就得先全盤了解它究竟是什麼。

註釋 ————

1. 譯註：此地理名稱在歷史上指涉的範圍並不明確，但廣義代表「義大利以東的地中海地區」；Levant在中古法語中指太陽升起之處，即「東方」之意。

2. 原書註：林奈的分類架構至今大多保持完整，卻曾經因為許多批評，例如形式太僵化、過於累贅以致新知識出現時難以更新，有時無法反應出演化關係等，而被建議全面廢除，批評者並主張以一種被稱為「親緣命名規約」（Phylocode）、純粹以演化樹為基礎出發的系統來取代它。在穩定性、溝通性與一致性上，兩種命名分類法都各有其優缺點。

3. 原書註：他們把這個數字乘上已知樹種的數量，並以此估計光是熱帶就有三千萬種不同物種。但這樣的推斷是以幾個明顯可疑的前提為基礎，例如假設很大一部分的昆蟲只能吃某種特定樹種的葉子，因此此昆蟲種類的數量與樹種數量直接相關。換句話說，科學家最初以為大部分的昆蟲都是極端的特化者，例如，如果某種蚱蜢找不到「對的」灌木葉來吃，牠就會餓死，而不是去吃別的東西。不過，後來我們了解到，昆蟲其實比較接近泛化者而非特化者，上述的估計總量至少得減少十倍。許多其他研究都嘗試過推斷物種的多樣性，但其估算也免不了是以不完整的資訊為基礎。

4. 原書註：我相信這個經常被引用的說法是真的，但同時許多學者還為此爭論不休。最主要的挑戰是，想證明一物種的滅絕是出了名的難：沒有證據，並不是物種已經「沒有了」的證據（absence of evidence is not evidence of absence）。

5. 譯註：宇宙之浩瀚遼闊如海洋，因此眾多星系有如宇宙中的島嶼，即所謂「島宇宙」。

Part 1

生物多樣性
相互連結卻各不相同的五角星

BIODIVERSITY

圖3：**生物多樣性之星**。生物多樣性的概念，涵蓋了多種互補但也明顯互異的面向，在此圖中，它們分別被標示在個別星芒的尖端。辨識、測量並監控生物多樣性的這五個面向，對於了解地表生命，以及它們開始崩壞時我們採取行動的能力，極為重要。

正如宇宙已被證實遠比人類最初所想像的更複雜，我們這個星球上的生物多樣性也一樣。它的廣度與深度都遠超乎我們的理解。Biodiversity（生物多樣性）縮寫自 biological diversity，經由美國生物學家愛德華·威爾森（Edward O. Wilson）而被開始廣泛使用。簡義來說，生物多樣性就是「地表生命的多樣變化性」；但事實上它是一個錯綜複雜、涵蓋許多特質與意義的概念。

而我把它想成一種五角星（圖3），每個突出的角雖相互連結，但也各不相同。它們分別是：**物種多樣性、基因多樣性（genetic diversity）、演化多樣性（evolutionary diversity）、功能多樣性（functional diversity），以及生態系統多樣性**。

任何單一面向都無法表達出完整的生命多樣性概念，你需要它們全部，就好像我們需要所有的手指，而不只是一根非常能幹的大拇指。僅僅保育其中的單一要素，例如某地物種的數量，就可能會過分犧牲其他要素，好比物種在演化或功能上的多樣性。在這個部分，我會探討這顆生物多樣性之星的每個要素如何互相關聯：包括它們意謂著什麼、它們為何重要，還有它們如何共同運作而促成一個健康強韌且生機蓬勃的星球。

Chapter 1

物種

地球上有多少物種？

　　物種是生物世界的基礎，它們等同於房屋的磚石、週期表的元素與鋼琴的琴鍵。所有物種在自然界都占有一席之地，它們存在於群落裡，而這些群落仰賴著彼此及其自然環境。儘管它們如此重要，科學家在替「什麼是物種」下定義時，還是無法達成共識。

　　有關物種最標準的概念是：一群可以互相交配，而且產下的後代具生育力的個體。所以，動物園裡那種罕見的獅子與老虎交配後所產下的後代（若是雄獅與雌虎生下的就叫「獅虎」，反之則叫「虎獅」），因大多無法生育，便不會被認為是個別物種。相較之下，如果你將貴賓狗與拉不拉多犬一起配種，牠們生下的後代就跟其父母一樣多產，由此可見，所有的狗都屬於同一物種。甚至連狼都能成功地與家犬繁殖，並產下具生育能力的下一代，因此狼與狗也是同一物種，也就是「狼」（*Canis lupus*）。這代表相較於狼，所有的狗共享了許多特點，例如牙齒較短、個性溫馴；而這些共有特徵顯示出，狗

或許正在集體離牠們充滿野性的祖先愈來愈遠，或許終有一天，牠們會變成一個獨立物種。因此，現今狗被看作是狼的一個**亞種**（subspecies），即家犬（*Canis lupus familiaris*）。

辨識物種的難度

不過，這個物種的標準定義並不總是行得通，畢竟至今沒有人試過讓河馬跟牠現存的最近親（*也就是鯨魚*）雜交，以看看牠們是否能繁殖成功！因此，我們需要其他可識別物種的方法，例如檢視它們的基因。

像我這樣的生物學家，在發現某個或幾個個體的長相或行為有異，因此懷疑自己是否遇上了科學上前所未知的物種時，通常會先從它們的身上提取少量組織（*例如動物的血液樣本或植物的一小塊葉片*），以為其部分的DNA定序。接下來，我們利用幾種不同的方法與電腦程式，根據DNA序列差異來推估最可能的演化樹，便能夠找出這些看似不尋常的個體是否形成一種在基因上顯著不同的群集；也就是一群與其他已知物種具有不同基因屬性的生命。如果情況確實如此，這將是它們棲息的環境隔絕性高，與其他物種沒有交配繁殖，因此基因也不曾有過交流的證據。然後，我們就發現了一個新物種！

如何分辨新物種

這樣的事不久之前才發生在英國，這個對本身生物多樣性

研究最多的國家之一（也是我目前最常待的地方），而且被發現的新物種還是哺乳動物這類被研究得最徹底的**生物群**（organism groups）。

　　1993 年，研究者發現了在英國分布最廣的「伏翼」（*Pipistrellus pipistrellus*）這種蝙蝠中，部分個體發出的叫聲頻率（五萬五千赫茲）與過去所記錄到的（四萬五千赫茲）略有不同，於是便使用蝙蝠偵測器（一種錄音機，能捕捉人類聽覺所不及的高頻率聲音）來調查布里斯托市（Bristol）一帶的蝙蝠。他們捉了一些蝙蝠來研究，很快就發現自己所記錄的是不同的物種；而這個物種在 2003 年被正式認可爲「高音伏翼」，學名爲 *Pipistrellus pygmaeus*。牠們除了回聲定位的叫聲始終不同之外，進一步的研究還發現了其他細微但顯著的差異，例如頭骨形狀、行爲表現，以及最重要的 DNA。

　　既然伏翼首度被科學記述是在 1774 年，就代表這種哺乳動物被忽略了超過兩百年，這可是茲事體大，尤其是已知會在英國繁殖的蝙蝠一共才十六種。後來，人們更發現，這個新物種不僅極爲常見，在整個歐洲也分布得十分廣泛。

　　DNA 的技術也在壯大英國本土眞菌名單上幫了大忙，目前這份名單每年至少都會增添五十幾個新物種，其中一些過去在科學界根本無人知曉。大部分的人在想到眞菌時，腦中浮現的其實是蕈菇，不過這些蕈菇只是眞菌的子實體，而眞菌是體積大得多且生長在子實體底下的基質（如土壤或倒木）裡的生物。所以，「蕈菇」就像蘋果樹上的蘋果，不同的是，我們實

際上看不到這棵樹；子實體只會偶爾冒出來，有時甚至完全不會，而且只占整株真菌總重量極其微小的一部分。

真菌主要由細如蠶絲的菌絲組成，它們成群錯綜交織為網絡，構成我們所知的菌絲體。這些菌絲體有時可以變得巨大無比，因此，世界上最大的生物其實並非你腦中可能會想到的那種，而是蜜環菌屬（*Armillaria*）裡的蜜環菌。美國奧勒岡州有一株蜜環菌個體的菌絲，被發現可能重達三萬五千公噸；相當於大約兩百五十隻藍鯨，而且已經有兩千五百多年那麼古老。

真菌組織的優勢是深植在環境裡，所以現今在調查真菌時大多是這樣進行的：到森林裡或草地上隨處採取土壤樣本，帶回實驗室，然後檢驗其中有多少種不同DNA序列的實體。不過，如果你想要為每個序列標上名號，就得把它放在參照組中進行比對，而參照組來自可信且已經鑑定的博物館樣本。這種配對動作就是所謂的「DNA條碼」（DNA barcoding），因為它很像超市商品在櫃台結帳時如何被讀取辨識。

DNA無法解決的物種鑑定問題

目前DNA可以解決物種鑑定上絕大部分的問題，但不是全部。一個重要的例外，便是那些已經滅絕的物種。DNA會隨著時間衰解，而且在氣溫愈高的地方衰解得愈快。即使在最好的保存條件下，理論上它還是有個大約一百五十萬年的「保存期限」，在那之後，它所有的鍵結就會全部斷裂（這也是為什麼《侏儸紀公園》系列電影背後的科學根據，也就是有隻蚊

子被保存在八千萬年老的琥珀裡，而科學家從牠肚子裡取出了恐龍的DNA，全是胡說八道；想一想電影裡後來一發不可收拾的狀況，或許「幸好」那是胡說八道。）。

　　一些至今所定序最古老的DNA片段，是來自被掩埋在西伯利亞永凍層（此處的土壤一直在結凍狀態）裡的猛獁象的牙齒，差不多剛超過一百萬年。相較之下，幾乎所有滅絕的物種都沒有留下任何DNA。因此，如果要辨識化石物種，你就得仔細研究它們的形態，有時你也得做出假設，看看在時空距離上相隔甚遠但形態相似的化石，是否可能屬於同一物種。有些情況更加棘手，像是你手上能觀察的只有這個生物的一小部分，如花粉化石或葉子的印痕，而且沒有任何東西可以參照比較。有幾位同行，包括巴拿馬的卡羅斯・賈拉米羅（Carlos Jaramillo）與莫妮卡・卡瓦略（Monica Carvalho），荷蘭的卡琳娜・荷恩（Carina Hoorn），都曾透過仔細研究這類材料，提出了驚人的見解。

　　另一個挑戰則是當那些被推測為同物種的個體看起來一樣，DNA也相似，事實上關係卻似乎遠到沒有與彼此自然繁殖的可能性。幾年前，我曾和一位名叫洛維薩・古斯塔夫松（Lovisa Gustafsson）的博士生合作進行研究，她勇氣可嘉地長途跋涉到三處相隔數千公里的極區，分別是北美西北部的阿拉斯加與育空地區、北大西洋的冷岸群島（Svalbard），以及挪威本土大陸。

　　在每個地區，她都針對同一組物種採集了數十株植物，並

把它們帶回位在奧斯陸研究機構裡的溫室。然後，她費煞苦心地徒手授粉，想看看它們是否能孕育出具繁殖力的後代。結果出人意料，在整個實驗過後依然存活的六種植物中，有五種沒辦法成功地跨種群繁殖。這意謂著在那五個種名背後，還藏匿著多重的「隱蔽種」（cryptic species），它們看起來很相似，卻沒辦法與來自不同地方的植株進行繁殖。換句話說，即使看起來像是同種的生物，也可能分屬不同物種。沒有人知道這種現象究竟有多普遍，但假若它很普遍，就可能意謂著我們嚴重低估了北極區及其他區域的物種數。

與這種模式正好相反的，則是物種「能夠」成功繁殖，即使它們通常不會這樣做。而植物中在這方面最赫赫有名的例子，便是蘭花。目前已知的蘭花有兩萬八千多種，但科學家每年都還在繼續記錄更多種類，它是地表兩個最大的植物家族之一。為什麼蘭花如此多樣？幾百年來，科學家對這個問題一直百思不解，包括達爾文在內。

澳洲博物學家伊迪絲・科爾曼（Edith Coleman）的發現，為此提供了一個重要的見解。1927年，她發表了自己對隱柱蘭屬的一種小舌蘭（*Cryptostylis leptochila*）的詳細觀察，主要是關於姬蜂科的 *Lissopimpla excelsa* 這類黃蜂如何為它授粉。奇怪的是，這種昆蟲忙著把花粉從這朵花搬到那朵花，但沒有從這項任務得到任何食物報酬。事實上，科爾曼所破解的是一種高度特異的現象，因為這些黃蜂表現得就好像牠們在……呃，跟蘭花交配一樣。原來，這種蘭花會散發出一種跟

雌黃蜂相同的氣味，更甚者，花瓣上的細毛會增強交配行為，而且雄黃蜂的眼睛根本看不出花與雌蜂顏色的差異。

科爾曼針對澳洲物種所描述的現象，在現今稱為「擬交配」（pseudocopulation），並非單一個案。目前已知有三分之一的蘭花，是以某種方式來矇騙昆蟲，而且就是透過利用雌蟲的性吸引力。我在對拖鞋蘭這種歐洲最引人注目的蘭花進行授粉研究時，就親眼目睹過這種把戲。當時，我剛完成碩士學位，在繼續進修博士前有兩週的假期，而我和一位朋友想利用這段空檔來完成一些研究。我們對雄蜂是如何屢試不爽地被成功引誘進蘭花感到震驚，牠們對自己其實得不到什麼回報這件事，似乎永遠都學不到教訓。

既然某種蘭花能用來吸引某種昆蟲的化學成分、形狀與顏色，經常迥異於另一種昆蟲，許多蘭花若要更專精於騙術，就得投其所好，讓自己變得高度特化。儘管每種蘭花的形態和DNA都與他種有所區別，但只要你用人工授粉的方式，把某種蘭花的花粉塗抹到另一種蘭花的雌性生殖部位，就有機會得到一個具完美繁殖能力的雜交種。所以，它的雙親真的分屬不同物種嗎？大部分的植物學家確實會這樣說。即使這似乎與物種的傳統定義（編註：即交配生出的後代可繁殖後代，就屬於相同物種）有所出入，而且那些物種天生也具有避免跨種雜交的屏障機制。

植物與其授傳粉者之間高度相關的互動，並不僅限於蘭花。在最極端的例子裡，甚至連一種個別的蜂、蠅、鳥或其他

動物，都有著與某種特定植物的花形完美相襯的體型。這允許此種動物，而且經常就只有牠能來到花蜜的殿堂獲取回饋，因為在這麼做的同時，牠也為這棵植物進行了授粉。傳粉者高度專一的現象，在熱帶地區最為普遍，這也被認為是該處物種如此豐富多樣的原因之一。在氣候較涼爽的地區，傳粉者大多是普遍型，牠們以不同種或甚至不同科植物的花為食物來源，並為它們傳粉。例如前述那種生長在溫帶地區的拖鞋蘭，就有各式蜂種能為它傳粉，即使當中有些效率較高、有些則較低。

　　針對另一種情況，DNA也無法提供所有的答案，甚至DNA會讓事情變得更複雜：有些物種即使偶爾與其他物種交換基因（根據定義，它們是「不該」這樣做的），卻仍然保有明確可辨的形態特徵。這在細菌之間經常發生，但你很難把它們硬塞在任何一種嚴格的物種界定裡。目前已知有些植物也會跨種交換基因，像分布在巴西大西洋海岸雨林裡的鳳梨科植物（與鳳梨具親緣關係）便是如此。這類事件的發生，或許得歸咎於授粉上的「失誤」，例如一隻身上帶有花粉的昆蟲或鳥，不小心飛進另一種通常不會造訪的花。

　　在哺乳動物當中，馬與牠們的近親（斑馬和驢子）還能提供另一種非常有意思的案例：即使形態上有顯著的差異，細胞裡的染色體數甚至不同，這幾個物種在牠們的演化史中，一直都有交換基因的現象。其實，我們不需要捨近求遠去找更多例子，因為即使是現代人類（*Homo sapiens sapiens*），也從其他物種身上得到了DNA。今天在所有「非」非洲族裔的人身上，

都有大約2%的DNA，是源自那些已經滅絕的遠親——尼安德塔人（*Homo neanderthalensis*），而這是遠古偶然情慾交流所留下的遺產。換句話說，只有在人類歷史早期離開非洲的那些族群遇見了尼安德塔人，並與他們進行了交配。

生命的地理學

即使在識別物種上面臨了缺乏單一共通標準的挑戰，還是有許多像我這樣的科學工作者，竭力想找出每個物種在這顆星球上的位置。試想，我們可以把一種虛擬的、具有同等大小方格的網格，疊在整個地球上，並在網格內記錄每個物種的有無，包括陸地和海洋。標出每個地方的總物種數——即**物種豐富度**（species richness），有助於我們釐清哪些區域應優先保護，哪些又可做為之後都會區的擴張用地或開闢為耕地，而不會對生物多樣性造成巨大衝擊。它也能告訴我們，目前瀕臨絕種的物種都位在哪裡，因此我們更能在其自然棲息地裡妥善保護它們。

只不過，要在全球這樣做並非易事，因為你得將各種生物群領域的專家，送到世界的各個角落。但事實上，我們至今所蒐集到的許多物種資訊，憑藉的大多是機遇。仔細看澳洲在過去幾十年裡所採集或觀察到的物種之分布圖，你會得到一張幾近完美的全國道路網圖。這並不是因為物種特別偏愛公路，而是比起那些很難抵達的區域，在公路沿線觀察到它們的可能性

要大得多。長久下來，這導致人類對物種之存在的了解，極為片面、破碎且充滿偏誤。儘管如此，隨著三個重要見解的出現，我們對生命的地理學還是有了不少認識。

首先，並不是所有物種都到處可見，每個物種對環境都有一定的容忍度。例如，住在深海的魚沒辦法應付淺水層的壓力，非洲莽原的哺乳動物則無法在西伯利亞的冬天倖存。所以，它們現今在地表的分布，是歷史因素與地理限制所留下的結果，像是南極的企鵝（還）沒有機會繁殖定居到北半球具類似環境的棲息地。

不同區域的地理位置與面積大小，是相互作用並共同決定哪些物種會出現在何處，且一地又會有多少物種的因素。**物種面積關係**（species-area relationship）是生物地理學的少數「規則」之一，也是美國生態學家羅伯特‧麥可阿瑟（Robert MacArthur）與愛德華‧威爾森在1967年所發表的有關島嶼生物地理學的重要理論根據（圖4，見 P.52）。

這個理論預測，島嶼或類島嶼環境（如大片莽原中的一塊林地）的物種數量，會跟它的面積大小成正比，並隨著它與其他具類似環境的區域距離愈遠而愈少；因為這些區域可能扮演著物種來源地的角色。這是因為大島比起小島能提供更多食物，也有更高的環境多樣性與**物種形成**（speciation）的機會；另一方面，比起位在鄰近某座大陸之外海的島嶼，一個遠在天邊的孤島被鳥類造訪、隨風飄散的種子觸及，或偶有漂流木帶來動物登陸的可能性也更低。

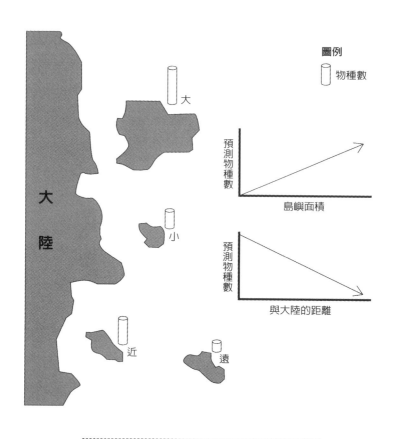

圖4：**島嶼生物地理學的理論預測**。如上圖顯示的簡單線性圖所描繪，一個島嶼的物種數量，可從其面積大小以及與大陸的距離來預測，這在理論與實際觀察上彼此相當吻合。

其次，大部分的物種都是在熱帶發現的。就大多數生物群而言，愈接近赤道，物種就愈多，這就是已知的**緯度多樣性梯度**（latitudinal diversity gradient）。每年秋天，我和孩子們都會到瑞典的一座森林裡採集野菇和野莓，環繞在我們四周的，經常就只有歐洲赤松這種單一樹種。然而，當我在厄瓜多進行田野調查時，情況剛好相反，那裡一塊面積只有足球場大的土地，就能涵蓋了高達五百種不同的樹。許多理論試圖解釋這些驚人的差異，而其中最可信者都暗指熱帶較豐沛的水分與能量是主因；至於其他原因則是，地球在有生命的歷史中，大部分時間都有著熱帶型氣候，因此，比起較涼冷地區的物種，熱帶生物有更充裕的時間，來演化出更多生命形態。

　　第三，大部分物種都很罕見，有些天生如此，有些則是由於各種人類活動的衝擊所致。我曾共同指導過的一位來自巴西的博士班學生瑪麗亞・多塞奧・佩索阿（Maria do Céo Pessoa），在研究南美洲雨林的某植物種群時，發現了一個植物樣本，採集地是位在亞馬遜心臟地帶瑪瑙斯市（Manaus）附近的一個保留區。這種植物在過去已被鑑定為茜草科的 *Chomelia estrellana*，但她在仔細檢視後，卻發現那是個錯誤，事實上這應該是一種 *Chomelia triflora*（編註：同樣是茜草科 *Chomelia* 屬的植物）。問題是，曾經被發現且離那裡最近的這種樹，是在法屬圭亞那，距離這個採集地點超過一千一百公里！這種情況似乎太不尋常，但事實真的是如此嗎？

　　於是，我提議組隊調查，與幾個同仁及一名來自德國的學

生亞歷山大・傑茲卡（Alexander Zizka），一起研究熱帶美洲植物種如此罕見且彼此相隔如此遙遠的現象，究竟有多麼不尋常。結果讓我們大吃一驚，我們辨識出七千種目前已知只出現在兩個地方的其他植物，而且其中有五分之一的種群分布地之間，相隔了超過五百八十公里。這種在我們的調查及其他研究中始終屬於極少數的情況，在此處卻是非常普遍的現象。若想確保稀有物種能得到保護，將其加以定位並繪製成圖是非常重要的，但這項任務簡直就像在大海撈針。

識別並釐清物種的分布，雖然是了解自然的關鍵，卻仍遠遠不夠。物種跟磚石、原子或鍵盤上的按鍵不同，它們在個體之間有著非常巨大的差異。而這種差異的主要源頭，就是我們可以從它們身上每一個細胞裡找到的東西：基因。

Chapter 2

基因
基因多樣性與物種的生存

　　試想有一顆完全不受控的小行星即將撞上地球，而一部分的人有幸搭上太空船逃離。如果我們想帶一些植物上路，需要為每種植物準備多少顆種子呢？一、兩顆夠嗎？還是得多帶一些以確保能保存物種本質，因為同一種植物的不同個體在形態和功能上是如此不同？

　　基因多樣性，也就是DNA藍圖中的變異，在動物園對園中的大象或老虎進行繁殖計畫時，扮演著血統上的關鍵角色。物種內部經常有許多形態、化學與行為上的變異，它們都與生物體的「生命藍圖」DNA有關。不過，對大多數物種到底有多少基因變種，哪個變種又最能經得起當前全球各地都在發生的環境變遷，我們所知甚少。隨著全球氣候愈來愈溫暖，也愈來愈不可預測，我們對於各個物種應付這種變遷之能力的了解，變得非常重要，包括農作物這類人類仰賴甚深的物種。

　　咖啡就是一個最具有說服力的例子（圖5，見P.57）。現今在衣索比亞，有一千五百多萬名農人以種植咖啡為生，它是

為這個國家賺取外匯的主要商品之一。視未來的碳排放情況而定，本世紀的氣溫上升幅度將介於1.5℃到5.1℃度之間，而研究者亞朗・戴維斯（Aaron Davis）與衣索比亞當地的學者及任職邱園的同仁，便依此數據來預測，在本世紀結束前，不僅目前栽種面積中會有40%至60%變得不再適合種咖啡；其產量在接下來的五十年裡，也會因此嚴重不足。這將導致嚴重的社會經濟問題，例如收入與糧食供應不穩、大量移民或甚至衝突動亂。而海拔較高、氣候較涼爽濕潤的地區，未來或許能提供較合適的生長條件，即使面對氣候變遷，仍能大量生產咖啡。不過，這得遷移那些阿拉比卡咖啡栽種園，其工程不僅浩大繁雜，還有引爆衝突、砍伐森林及其他農民相對被剝奪了機會的風險。

亞朗・戴維斯及其合作研究者處理這個難題的方式，是找出那些具備有用的遺傳表徵（genetic trait），特別是較耐熱與耐旱的野生咖啡種。同時，他們也對咖啡屬植物中幾個較不知名的咖啡種進行了研究，分析它們的風味、栽培潛能及適種氣候條件；咖啡屬一共包括一百三十多種咖啡，而且這個數字還在增加中。它們或許可以替代幾種更普遍的咖啡，例如阿拉比卡（arabica）與羅布斯塔（robusta），或是與其雜交配種，以提升其**氣候耐受性**（climatic tolerance），進而協助維持全世界千百萬人的生計。

當前的基因編輯技術已允許我們跨越物種界線，轉移特定DNA片段。在1990年代的一項非常知名的實驗中，美國加州

圖5：阿拉比卡咖啡的花與果實。這是全世界貿易量最大的商品之一，也是許多熱帶國家的主要收入來源。但它的栽種環境目前正深受氣候變遷威脅，這使得科學家想另尋更能對抗高溫與不可測天候狀態的其他物種或咖啡種。

的研究人員試圖讓番茄具備抗霜能力，因為霜害對於在戶外栽種番茄的農民來說，是很普遍的問題。他們推想北極海域的魚說不定握有解題之鑰，因為牠們可以生活在極端寒冷的水域，卻沒有血液凍結的問題。於是，這些研究者想辦法從這些魚身上，取出一種負責製造抑制冰晶形成之蛋白質的基因；不過，他們把這個基因轉移到番茄植株後，卻沒有產生同樣的效果。後來，這項試驗被放棄，市場上也就沒出現過那種番茄。不過，在那之後，基因編輯技術又有了長足的進展，今天的焦點則是鎖定在從農作物的野生近親中，辨識出有用的基因。

我就讀大學時，是反對基因改造作物的。當時，我認為這項資源應該善用在別處，況且這對環境可能會產生潛在的負面效應。後來，我改變立場了。由於基因改造作物想應付的問題，都是非常真實且明確有據的，例如生物多樣性喪失與糧食生產不足等，若是以負責任的方式來進行基因改造，那麼它對環境或人體健康具有負面效應的證據，可說幾乎不存在。

現今基因編輯工程所執行的實例，包括了嘗試讓作物更能利用土壤中的氮，以增進土地面積產量並減低將自然棲息地轉化為耕地的需求；還有將某些基因轉植嵌入常見的作物，使它們更能生產重要微量營養素，因為這是全球眾多低所得地區的人民不易獲得的。

自然界的基因突變種

一個可以證明自然界中的基因突變種非常有用的例子，或

許就是歐洲白蠟樹。白蠟樹在生態系統中的角色非常重要，它關係到一千多種物種，包括五十多種哺乳動物與五百五十多種地衣。不幸的是，目前它正深受一種由擬白膜盤菌（ash dieback）引發的疾病所威脅；這種真菌過去只出現在亞洲部分地區，不過自從1992年它在波蘭首度被發現後（源頭可能是進口植物），就迅速向西擴散，如今在絕大多數的歐洲國家，都找得到它的蹤跡。其後果是千百萬棵樹現在無藥可醫，幾乎注定死路一條。

以英國為例，白蠟樹在當地是數量次多的樹種，然而當中有80%的樹，已被預測會在不久的將來死去；根據估算，從砍掉死木、種下新苗，到少了這些樹提供關鍵的**生態系統服務**（ecosystem services）所造成的損失，會讓英國付出將近一百五十億英鎊（一百九十億美元）的代價。

以上種種，充分說明了生態系統的脆弱，與病原體擴散可能引發的巨大經濟損失。值得慶幸的是，邱園的科學家理查·巴格斯（Richard Buggs）及其研究夥伴在對成千上萬棵歐洲白蠟樹進行DNA定序後，發現有一小部分的個體（少於5%），天生就對這種真菌具有抵抗力，於是趕緊繁殖這些個體，現在至少給了人們一絲希望，或許未來的白蠟樹林將不再淪為這種真菌的犧牲品。而在數百種有機會以基因多樣性為救星的動植物疾病中，擬白膜盤菌所引發的白蠟樹枯梢病只是其中一例。

人類的活動會讓不可預測的變化更加司空見慣，然而，即使在完全自然的情況下，也會出現變化。美國生物學界的夫妻

檔羅絲瑪莉‧格蘭特（Rosemary Grant）和彼得‧格蘭特（Peter Grant），曾經連續四十年，每年都花六個月的時間，研究大達夫尼島（Daphne Major）上的雀鳥；大達夫尼島是加拉巴哥群島中的一個蕞爾小島，達爾文便是在這個群島得到演化論的核心概念。

格蘭特夫妻透過那段時期對島上每種雀鳥的仔細追蹤、測量及觀察，得以親眼見證這些鳥在嘴喙尺寸上來自遺傳的細微差異，如何在個體命運中扮演著重要的角色。當聖嬰現象所帶來的額外雨量，使島上植被的種籽從結得大而堅硬轉為較小且軟時，嘴喙較小的雀鳥會因而受惠，在覓食上更有效率且繁殖出更多後代。然而，一個乾旱的年度則會相對地扭轉情勢，造福那些嘴喙較大、能撬開較堅實種籽的雀鳥。

久而久之，這些例子都顯示了使物種更能應付環境變遷的要素，就是基因多樣性。這就像你去露營時會帶一把多功能的瑞士小刀，而不是一把大刀，因為你根本無法事先知道自己可能需要什麼。

同樣地，在許多情況下，你也無法僅憑視覺上的檢視，就判斷出某物種有多少基因變種。例如，就以人類這個物種來考量，即使我們在文化、長相、宗教、傳統上都有驚人的差異，現今地表任何人之間，都共有99.9%的DNA編碼。換句話說，人類的基因突變量非常之少；這得歸因於我們非常年輕的演化史──現代人類成為獨立物種的時間不過三十幾萬年，但周遭絕大部分的其他哺乳動物，平均都已存在至少一百萬年。

相較之下，單單在熱帶美洲的一種果蠅裡，科學家就發現超過4%的基因變種與十三個基因群（genetic clusters，又稱基因簇），即使牠們的外表看起來都一樣。

從標本的DNA找出親緣種

想找出一物種究竟含有多少基因變種的唯一途徑，就是為每一物種的許多個體進行基因定序，而且得涵蓋它們已知的種群、分布範圍，以及任何在形態、機能或行為上察覺得到的差異。然而，我們至今做到的僅僅是所有物種中的九牛一毛，至於其他廣大的多數，根本連一次都不曾定序過。所以，最省時且最具成本效益的作法，是轉而為那些被保存在自然歷史博物館或植物園與大學這類機構裡的全球生物收藏定序。

當科學家在1990年代和2000年代開始如此運用DNA技術時，曾經擔心那些歷史標本或許不適合用來進行基因研究，畢竟它們的DNA已經有所降解。幸好新的科技能捕捉並組合許多DNA斷裂片段，因此這樣的疑慮如今已被排除。

在一項我最近參加的研究計畫中，其研究主持者為哥倫比亞植物學家奧斯卡・裴瑞茲・埃斯科巴（Oscar Pérez Escobar），我們為一件在埃及薩卡拉（Saqqara）聖獸古墓發現的古老織物，進行了DNA定序。這個物件（圖6，見P.62）的用途仍未確知，但推測可能是罈、罐這類容器的蓋子；它所使用的材料是棗椰樹的葉子，製作時間大約是兩千一百年前。

棗椰這種樹的果實，在世界各地都極受歡迎，它廣泛生長

於北非、中東及西亞，但沒有人能明確知道，它最早是在何時及何處開始被種植。儘管年代久遠，我們還是從這件古物中找回了成千上萬個DNA片段，並把它們拿來與當代的不同品種進行比對。結果發現，這件埃及古物所使用的 *Phoenix dactylifera* 這種棗椰樹，含有其他兩種野生棗椰的基因：分別是來自土耳其與克里特島（我曾在這裡看到它們就生長在海邊）的克里特棗椰（*P. theophrasti*），以及來自南亞、與現今的栽培種關係最近的蜜棗椰（*P. sylvestris*）；蜜棗椰含有一種

圖6：從歷史標本中解鎖訊息。這是以棗椰樹葉製成的手工藝品，出土地為埃及的薩卡拉古墓區。即使年代久遠，我們仍能從中找到足夠的DNA，來推估這棵植物生長在哪裡，以及與它關係最近的親緣種為何。

可直接從樹幹上割取的汁液，可讓當地人直接使用或待其發酵後再使用。我們的研究進一步釐清了棗椰的基因多樣性，以及這種珍貴作物的早期馴化，然而，那些物種是如何交換基因，這種雜交對它們的大小、形狀及果實的味道又代表了什麼，仍舊是個謎。

環境保護主義者幾十年來總是非常強調物種保存，然而，他們也愈來愈意識到保存基因多樣性的重要。回到本章一開始所提到的太空船問題：到底每種植物該帶多少種子，才能確保它們的未來？答案是「許多」，或者說，要多到足以在基因上充分表現出它們的自然多樣性（這在物種個體間差異很大）。這也是為什麼我要推動邱園的千禧年種子銀行（Millennium Seed Bank）改變蒐集重點的原因。

千禧年種子銀行位在倫敦南方郊外的威克赫斯特（Wakehurst），是全世界最大的野生植物種子收藏地，目前保存大約四萬個物種的二十四億顆種子，其主要目標是儲存愈多種子愈好。然而，我身為邱園的科學主任，必須對這項蒐集任務負最終責任，我們的團隊包含艾莉諾・布雷曼（Elinor Breman）與艾倫・帕頓（Alan Paton）兩位同仁，以及世界各地的共同研究者，正致力於加強蒐集「具有特定價值的物種」本身內部的基因代表；所謂的具特定價值的物種，就是那些或許能幫我們達到糧食安全、具備已知醫藥用途或其他社會經濟價值，以及瀕危風險最大的物種。

對於每個這樣的物種，我們的目標是蒐集幾千、幾萬或至少幾百顆種子，希望盡可能涵蓋它們最大的地理分布、氣候耐受性與變種範圍。這意謂著，每個地區都能有合適的作物種類可以栽培，不管這裡未來的條件會如何變動，例如雨量是多是少，乾季是長是短，還有其他細節上難以預測的變數。

　　我們也想加強蒐集能代表各個不同植物群的物種種子，盡量保留生物多樣性中一個很少受認可但非常重要的面向：演化多樣性。

Chapter *3*

演化
演化多樣性的價值

　　1930年5月6日那天中午，住在澳洲塔斯馬尼亞島西北部的威爾夫・貝提（Wilf Batty），在他的農場目睹了極不尋常的一幕。他看到一隻體型和大小都與狗相當，但後背到臀部有深色橫向條紋的動物。他以爲這隻野獸在覬覦農場裡的雞鴨，便衝向前去想捉住牠的尾巴，但他失手了。就在這隻野獸想跳過一道兩公尺高的圍籬時，貝提舉起雙管獵槍朝牠開了一槍，然後驕傲地跟這隻一命嗚呼的動物一起在農場小屋前擺姿勢，拍了一張很快就讓這個消息傳遍全世界的照片。

　　他所射殺的那隻動物不是狗，而是已知的最後一隻野生袋狼，又名「塔斯馬尼亞虎」（因爲牠的下背部有老虎般的條紋）或「塔斯馬尼亞狼」（因爲體型像狗）（圖7，見P.66）。不過，這個農人的行動並非絕無僅有。由塔斯馬尼亞的地方政府和一群倫敦商人所成立的農業集團，打算在塔斯馬尼亞島上生產羊毛，幾十年來一直用金錢獎勵任何取得袋狼頭的人。由於「袋狼會攻擊農場飼養的動物」這個未經證實的說法，讓他們

總共付出了成千上萬元的獎金。

　　其實，在歐洲人來到澳洲之前，袋狼在澳洲大陸與新幾內亞島就已經全面滅絕，其原因除了被直接獵殺之外，還有袋狼一直處在與狗分食獵物的競爭中，勉強存活著，至於狗群則是歐洲人在十九世紀初引進塔斯馬尼亞島。

　　袋狼是**趨同演化**（convergent evolution）的絕佳範例；趨同演化所指的是有些物種在**生命樹**（Tree of life）的關係甚遠，卻發展出類似的特徵。生命樹又稱「演化樹」（evolutionary tree）、「親緣關係樹」（phylogenetic tree），或稱為「**親緣關係**」（phylogeny），是以枝幹連結起所有來自一個共同祖先的生命。雖然袋狼的頭骨與一般家犬幾乎毫無二致，事實上卻是有袋類

圖7：袋狼──**數百種因人類活動迫使而滅絕的哺乳動物之一**。本圖是依幾筆影像資料與留存的標本繪成。

動物，與袋鼠、小袋鼠的關係更親近。而且牠在有袋類中也是獨樹一幟，因為不管雌性或雄性袋狼都擁有袋囊。

或許有人會說，袋狼不過是成千上萬種哺乳動物之一，即使牠永遠從地表上消失，其影響也不會比其他物種的滅絕更重大。然而，這個世界隨著袋狼滅絕所失去的，不僅是單一物種，而是演化多樣性的不成比例的損失，這種多樣性可是千百萬年獨立演化的結果。不幸的是，袋狼沒有留下任何近親，否則相同的演化分支或許就能倖存下來。

演化樹的概念來自達爾文，雖然他對這方面並不像其他見解那樣多所著墨。他的第一棵「樹」，是手繪在一本筆記本上的簡圖，旁邊簡單寫了「我想」（I think，圖8，見P.68）這兩字。後來，一個更新的版本變成他那本獨具開創性的書《物種起源》裡唯一的插圖；這本書是研究演化的基礎，也可能是史上最重要的一本科學著作。

現今，生物學家在建議哪些區域應該優先保育時，愈來愈常試著將「演化多樣性」的價值極大化。這是一項重大的變革，因為長久以來他們只計算物種數的多寡，彷彿每個物種都是完全對等的單位。

舉例來說，假若我們得在兩處林地中，選擇其中一個來推行新住宅建案，而兩處都有兩種樹生長於其上，只是種類不同。如果只考慮物種數（即物種多樣性），選擇哪塊林地根本毫無差別。然而，物種也有它的演化歷史，這讓每個物種在生命樹上都有個獨特的位置。在這個虛擬的例子裡，假若生長在

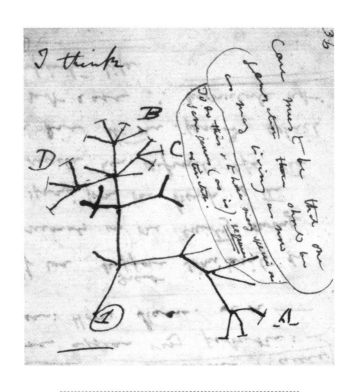

圖8：**達爾文手繪的演化樹**。有關達爾文對物種如何在演化上分道揚
鑣，並構成今生命之多樣性的見解，這張圖提供了一個簡明的摘
要。這種描繪物種關係的方法，迄今在本質上仍維持不變。

甲林地的是橡樹與山毛櫸，這兩種樹最後共有同一個祖先的時
間，是在五千一百多萬年前，之後就在演化上分道揚鑣；生長
在乙林地的是橡樹與松樹，這兩者已經各自獨立演化了三億一
千三百多萬年。因此，乙林地擁有較高的演化多樣性，在其他
條件都相當的情況下，可以認定為較具有保護價值。

演化多樣性也常被稱為「親緣關係多樣性」，量測方式則是把連結所有相關物種的演化樹枝條長度加總起來。它經常是以時間單位來量測，但也能反映DNA序列的差異（圖9，見P.70）。

演化進行時，會出現有利於物種應付環境挑戰或與其他生物互動的新特徵。那些能使個體更成功繁衍後代的隨機突變，是自然選擇的，而且這些突變種也會很快就在此物種與其後代中成為優勢。隨著時間推移，這種過程會讓動物獲得新特徵，譬如更輕巧的骨架有助於鳥類飛行，或更長的牙齒讓肉食動物更容易捕捉並殺死獵物；至於植物，則是以葉子裡的新化學成分，讓自己變成草食動物的毒藥，或以木質化的果實與粗厚的樹皮，讓自己能在容易起火的地區生存下來。

正是透過自然選擇所進行的演化，今天的生命形式才會達到如此驚人的多樣性。

所以，該是接納演化多樣性的時候了，我們必須建立起物種間的關係，包括它們最初是在何時何地開始演化。這對我們應該優先保護哪些物種極為關鍵，也具有數不清的重要實際用途，例如，我們會在第六章討論的改善糧食安全及飲食。過去二十年，我與同事一直致力於為成千上萬種物種測定DNA序列，所累積的數據也愈來愈龐大。不過，我們離真正理解這整棵樹依舊很遙遠，前進的路上也還不時冒出新的意外，好比了解到蕁麻和玫瑰在早期演化史的關係很近，儘管它們看起來如此迥異。

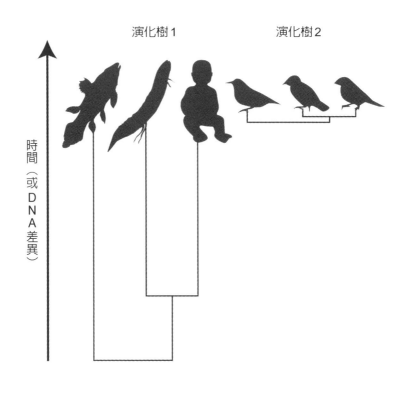

時間（或DNA差異）

圖9：演化樹（親緣關係）例舉。這兩個分支圖顯示物種如何產生關聯，每一枝條的長短，則是以物種分化的時間或基因差別數爲比例畫出來的。圖左：這棵樹的最左側是腔棘魚，牠與中間的肺魚及右側的四足類，分化於三億九千多萬年前。圖右：這棵樹包含了唐納雀科裡的三種鳥，即使與前例的物種多樣性相同，它在演化（親緣關係）上的多樣性比第一棵樹低得多。此圖中枝條的長度僅是示意。

世界各地的生物學家一直都竭盡心力地想完成達爾文在生命樹上的觀點，這項任務始於一百六十年前，而且怎麼看都不會在短時間內完成。在某些同僚的激勵與訓練下，例如人在巴西的露西亞・羅曼（Lúcia Lohmann）與南非的穆哈瑪・穆阿斯亞（Muthama Muasya），已經有數百位學生致力於蒐集與辨識特殊種群，並為它們進行DNA定序。

　　在進行這些工作的同時，我們也逐漸把注意力轉移到了解這棵樹上的特定分支與它所包含的物種，扮演著什麼生態角色。這在有關生物多樣性的概念中，仍然是最少被研究，但可能最重要的面向之一。

Chapter **4**

功能
環境變遷對功能多樣性的影響

　　我在大學讀了一年的生物後，開始變得不耐煩。我知道如果想成為一名科學家，至少得在大學再熬三年才能繼續攻讀碩士，然後再拿博士學位。這樣的等待實在太漫長了，而且我得先知道自己到底適不適合走學術這條路。

　　為了找到答案，我開始打電話四處詢問，聽到一項在芬蘭的拉普蘭區（Lapland）的研究計畫。計畫中的研究站位在北極圈以北兩百多公里處，就在一個名叫「拉特尼亞烏拉」（Latnjajaure）的冰蝕小湖邊；研究站設立於1960年代，目的是要研究這座湖的食物鏈。科學家想知道，如果把原本不屬於那裡的魚放進去，會發生什麼事。不過，那些魚並沒有熬過最寒冷的冬天，學術界在1990年代後期的關注焦點，也開始轉移到氣候變遷，一個想法出現了：為何不用這個研究站來調查氣候暖化如何影響周遭的極地植被？因為它或許是最早被觀察到出現變化的生態系統之一。

　　我聽到愈多關於這項計畫的事，美國知名環境保護者約

翰・繆爾（John Muir）的話就愈常迴盪在我心中：「山在呼喚，而我必須前往。」於是，我自願當個不支薪的研究助理，到拉普蘭工作一個月，但前提是他們能負擔我的食宿和交通費。讓我驚訝的是，儘管我缺乏經驗，他們還是同意了。結果，這是我一生中受益最大的專業經驗之一，也讓我從此不再懷疑自己對科學的熱情。

我每天從一早到午夜時分，必須完成各種任務，其中之一就是設置研究當地植被所需的永久區塊。我們跟那裡的薩米人（Sami）交涉，請他們用小型直昇機載我們到各個山頭，那是他們在驅趕馴鹿、越過遼闊的土地時所使用的交通工具。在那些山頭上，我們會插入經得起風霜的鋁棒，標出明確的位置，然後記錄這一小塊土地內的每種植物與地衣。這讓研究人員可以每隔一段時間，就回來調查物種的多樣性是否有所變化。2001年夏天，在歐洲十八個國家同時展開的倡議行動，很快就擴及到全世界一百二十多個點，包含北極地區到南、北半球的溫帶與熱帶地區。

我們很難預測之後會發生什麼事。當時跟我聊過的科學家都認為，一旦氣候變暖，有好幾種極地物種很快就會從當地的地景中消失，這裡的植物多樣性也會因此下降。不過，讓眾人跌破眼鏡的是，當氣溫確實增加時，隨後調查所顯示的卻是物種豐富度的整體提升，而且是在十年到十五年的時間內。變化情況更具戲劇性的，是那些觀測樣區裡的物種組成：有些物種變得更常見，有些物種遷移至他處，還有一些物種來自較低海

拔或相隔甚遠的山區。

　　由於每個物種都有不同的生態**功能**（function）——也就是它們影響周遭的環境以及與其他物種互動的方式，這些定期進行的植被調查所透露的最重要訊息是：觀測樣區的**功能多樣性**，也就是那些物種所發揮的所有生態功能類別，有了驚人的轉變。其差異包括不同的物種累積了多少總重量，還有它們能存活許多年或只有一季。這裡的植物群落開始儲存比過去更多的碳，灌木也開始生長得比草本植物、苔蘚與地衣茂盛，甚至進而取代它們。

　　整體而言，在地理上分布範圍廣大、經常涵蓋許多國家甚至大陸的物種，變得更普遍，這使得植物群落之間更加同質化或彼此更相似。所以，這個研究顯示，氣候變遷在非常短暫的時間裡，就讓植物群落的功能有了明顯且重大的改變，並威脅到高海拔棲息地的典型樣貌及當地的特有物種。

　　「功能多樣性」是生物多樣性的第四個核心，而這是地表既存物種固有的本質。最重要的是，比起前文已描述過的其他三種生物多樣性變數，功能多樣性經常是環境變遷時，最早跟著發生改變的項目。

　　回到前一章的假設，如果我們得在兩個其他條件都相當的位址，選一個來進行保護，而且兩地有同樣的物種數、基因多樣性與演化史，此時具有最大生物多樣性的地點，就會是物種所發揮的功能總數最大的那一個。遺憾的是，當特定物種隨著

氣候變遷，接收了龐大的領地並擊敗其他對手，卻會帶來比原有物種群更狹隘的功能組合，例如生長快速、使其他物種相形見絀的植物變成絕對優勢，或是雜食動物吃掉許多其他物種。就此而言，想維持充滿多樣性與差異性的自然環境，功能多樣性極為重要。

生物多樣性的功能特徵，通常稱為「性狀」（trait），是可以量測的。由於這些性狀，物種才得以發揮各種角色的作用。它們可以與物種的生理特徵（例如植物葉子的大小與形態）、行為（例如動物的取食習慣，是肉食性、草食性等）或棲息地（例如只生活在深水或淺水域）有關。因此，功能性狀涵蓋非常不同的事物，而且可以依生物不同而高度特化。事實上，想識別與量測物種所扮演的每一種功能角色，幾乎是不可能的事；即使只想量測其中某些最重要者，都可能非常困難。

舉例來說，近年來全球各地對於以造林來減緩氣候變遷，都展現出極大的興趣，包括了積極植林或使森林自然再生。樹木在整個生長季裡，都會從葉面上細小的氣孔捕捉大量二氧化碳（最重要的溫室氣體之一）。利用太陽能，葉子細胞裡的綠色迷你器官，也就是葉綠體，能夠把二氧化碳和水（一路從根部輸送上來）轉換成糖與氧氣。沒錯，我所說的就是光合作用，地表唯一最重要的化學反應，直接或間接維繫了大部分物種的存在。我們在森林裡所看到的一切：木材、樹葉、根與果實，幾乎都是以這樣形成的糖為基礎分子生產出來。

然而，樹木能幫我們從大氣中捕捉碳並鎖住碳的潛能究竟

多大，其實相當不確定。在這個議題上，我們不僅缺乏了對全球已知的七萬多種樹木質部之碳成分的全面性評估，也不清楚樹木的根系在地底下究竟儲存了多少碳。

迄今，科學家只對極少數樹木進行挖掘，以測量它們根系的總重量與碳儲存量，結果卻顯示這些數據在樹種之間存在著指數等級的巨大差異。既然手邊缺乏明確量測的數據，任何對森林碳儲存總量的估算，都可能與事實相差甚遠。如果真相能被釐清，在以緩和氣候變遷為主要目標的當前，這說不定會大大影響我們保育的優先順序。

有關功能多樣性的一個有趣面向，是**冗餘**（redundancy）的概念，即物種扮演著彼此類似的功能角色，因此在一個生態系統裡有功能過剩的現象。這是好事或壞事呢？

幾年前，我參與過哥倫比亞古生物學家卡塔琳娜・皮米恩

圖10：**岩礁海岸的物種**。健康的海洋生物群落，會發揮幾種可確保營養循環的功能，而每種功能都由數個不同物種來扮演。舉例來說，懸浮物攝食者（貝類、海綿和藤壺）會吃水中的浮游生物（自由懸浮的小型生物或略大動物的卵與幼蟲）與其他有機物；海星、螃蟹和魚全是掠食者，會吃懸浮物攝食者；而各種褐藻、綠藻及紅藻，則是從水中吸收並儲存氮與碳。正是這種功能豐富性——由各式各樣的物種與複雜的食物網所組成，使一個健康的生態系統在面對氣候變遷、人類干擾與疾病時，能充滿韌性：當某一物種消失時，其他物種可以接收其功能，並使系統維持穩定。

掠食者

懸浮物攝食者

固氮與固碳

托（Catalina Pimiento）所帶領的一項研究，我們分析了成千上萬個軟體動物的化石，它們全都來自於加勒比海。我曾經在那裡以潛水長的身分工作過好幾個月，任何在那裡浮潛過的人，都知道這個海域的生物非常多樣且豐富。不過，大約在三百萬年前，某些至今未明的事件（推測為環境變遷），造成了物種的龐大損失。在這項研究裡，我們所好奇的是：在許多物種滅絕的同時，是什麼讓某些物種倖存下來？我們發現「冗餘」的物種，譬如那些以吃非常小的懸浮顆粒物或生物來維生者（圖10，見P.77），便相對受到了過大的衝擊。雖然這樣的過剩冗餘，對那些物種個別來說是壞消息（牠們不像比較特化的物種倖存得那麼好，或許是因為面對較激烈的食物競爭），對整個加勒比海的生態系統來說卻是好事，在總物種數折損了一半的情況下，它只失去了所有生態功能的3%。

不論是我們或其他人的研究，都顯示冗餘物種提供了額外的保險，也就是即使它們當中有些滅絕了，整體的功能多樣性還是存在。然而，當功能很獨特的物種滅絕時，整個生態系統所遭受的損失就大得多。

假如我們想要完全了解並保護生物多樣性，除了它的其他核心概念之外，探索與量測功能多樣性也極其重要。這有利於我們評估那些用來保護生物多樣性及封存碳的自然棲息地，並決定何處應該優先進行。最後，功能多樣性還為生物多樣性的最小要素與最大要素之間提供了橋梁，前者是物種與它們的基因，而後者就是生態系統。

Chapter 5

生態系統
氣候與生態系統類型的關係

　　1802年，偉大的德國博物學家亞歷山大‧馮‧洪保德在南美洲蚊蚋肆虐的叢林裡遊歷數個月之後，攀登了厄瓜多的欽博拉索（Chimborazo）火山，並首度有系統地記述了動植物種如何隨海拔高度增加而變化。他看到氣候和地形如何創造出各式各樣的生態系統（亦稱生態系），從濕熱的低地、雲霧瀰漫的茂密霧林，到安地斯山涼冷的高山草地與雪地植被。

　　透過他自己在加勒比海、北美洲及亞洲的旅行，以及與其他科學家的廣泛聯繫，他描述了類似的生態多樣性如何出現在世界各地，而且每個生態系統都有自己的物種組合與特性，包括易起野火的非洲莽原、加拿大的季節性草原或西藏高原的高山草地皆是如此。在海洋世界裡，鹽度及深度則取代溫度與地形的相互作用，形成珊瑚礁、海草床、泥灘或深海海床這樣的棲息地，而這個星球上的生命很可能就始於四十億年前的深海海底熱泉裡。

　　地表變化多端的生態系統，就是我們之所以有這麼多物

種，還有它們爲何展現出如此多樣的生命形態、行爲與功能的關鍵原因。以馬達加斯加島爲例，西南部多肉林地的物種群，就與東部低地雨林全然不同。在很多情況下，把焦點放在保育完整的生態系統，要比傳統上只關注單一指標性物種的保護更具效率。原因是物種很難被單獨成功地保護起來，而拯救整個生態系統的一部分，卻同時有助於保護許多物種。

在自然界中，物種是由族群（population）所組成，而族群則包含個體。就較高的組織層級而言，幾個物種族群會構成群落（community，如前一章圖10所描述的岩礁海岸群落），而群落則進一步結合成更大的單位。

有一個很普遍並由世界自然基金會（WWF）所採用的陸地分區方案，是把陸上的所有生態系統[1]整合爲八個生態界（它們大多經由十九世紀幾位博物學家的確認而爲人所知，包括英國探險家暨演化理論共同奠基者亞爾佛德·羅素·華萊士），例如新熱帶區與古北區（圖11，見P.81）。這些生態界一共包含十四個生態群系（biome），如北方針葉林或紅樹林，而在這些之下又可以再進一步細分成八百六十七個生態區域（ecoregion），如溫帶闊葉林或混合林。一般而言，採用的尺度愈細，就愈利於在指定區域內實際進行保育。

洪保德早期對氣候與生態系統類型相關性的觀察至今仍然適用，這是一件很棒的事。拜他極力擁護氣象監測站應連結成全球性網絡之賜，現今我們已經知道，不管在地表何處，一地只要平均氣溫高於18℃，而且年雨量大於兩千五百公釐，自

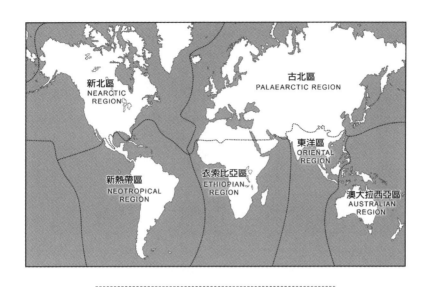

圖11：**華萊士的動物地理分區**。華萊士透過本身的廣泛遊歷及大量研讀當時可得的文獻，在1876年提出將世界動物加以分區的建議，而這樣的分區至今仍大多有效。這些區域都各自擁有獨特的動物群，例如包括食蟻獸、樹懶與犰狳在內的異關節總目（Xenarthra）動物，這類動物幾乎只見於新熱帶區，是在與其他大陸完全隔絕的狀態下逐步演化而成。

然就會形成雨林（呃⋯⋯除非有人把它砍掉）。此外，一年中的變化（即季節性），也是預測每個區域會發展出何種生態的關鍵要素。舉例來說，南美洲塞拉多（Cerrado）莽原的年雨量，比某些常綠森林還要多，但由於降雨只集中在一年中的某幾個月分，地表也因此保持草原與樹木相間的開闊景觀。若要形成熱帶雨林，一地每個月至少得有六十公釐的降雨量。

人類的干擾也扮演著某種角色，由於我們除掉了許多能保持森林疏敞的大型動物，又引進火與牛隻來抵銷這種作用，這意謂著人類的行動已經改變了許多地表生態系統在人類出現之前的動態。

　　不過，近來有很多地方卻是反向而為，現在人們不僅提防火災，也想迅速撲滅森林與灌木林火，即使那是由雷擊所引發的自然現象。在這方面問題最大者，就是全世界的地中海型氣候區，包括地中海盆地、加州、智利中部、西南澳與南澳，以及南非的角省一帶（很巧地，就是已知最好的紅酒產區）；除此之外，這在火災雖不常見、但偶爾會發生的幾個地區，也是個問題，如斯堪地那維亞、北亞，還有一部分的加拿大。

　　這樣說或許違反某些人的直覺，不過，對於那些已經適應甚至是依賴火來繁殖或生長的生態系統及物種，人類的防火行動卻帶來了負面的結果。不斷滅火的另一個副作用，是植物的枯落物質（如落葉或枯枝）最後堆積如山，使得日後燃起的火比自然狀態下發生者更大、更炙熱凶猛，也更具毀滅性。

　　有時候，兩種生態系統之間的過渡是如此突然，以致你只是開車越過一個山口，就在幾公尺內從一片半乾燥的灌木林地，進入一座茂密蔥綠的森林裡。

　　這是一種在世界各地許多山區都普遍存在的現象，例如在大加納利島（Gran Canaria）與南非角省地區，攜帶水氣的氣流使山的迎風坡保有濕潤植被，背風坡則維持乾燥。這種過渡在其他地方通常是漸進式的，發生在幾千公里的空間距離裡，

像是從墨西哥中部及北部布滿仙人掌的半乾燥景觀，逐漸轉變為墨西哥南部及中美洲茂密濕潤的森林。

生態系統一直在演變

生態系統跟物種一樣，都只是過客。在許多生態系統早已不復存在的同時，現今我們所熟悉的某些重要的生態系統，事實上都源自地球歷史非常新近的階段。全球氣候變遷能帶來跨大陸性的環境變化，讓非洲、南美洲與澳洲似乎同時出現廣大草原。

秘魯的植物學家莫妮卡‧亞拉卡其（Mónica Arakaki）偕同美國的演化生物學家艾莉卡‧愛德華茲（Erika Edwards）及其同仁，已經證明了促使那些（草原）生態系統擴大的原因，是始於一千三百萬年前的乾燥涼爽時期。該時期的氣候轉變，使得禾草與多肉（擅長儲存水分）植物趨向多樣化，並發展出在乾燥環境中特別有效率的新型光合作用，分別稱為C4與景天酸代謝（Crassulacean acid metabolism, CAM）。

相較於地表絕大多數植物所採用的C3型光合作用，C4型植物（許多莽原裡的高草）可以在不跟氧氣接觸或不需要呼吸（因呼吸作用會使植物將大量水分散失到空氣中）的情況下，將二氧化碳濃縮在一種製造糖的酵素周圍的專門細胞裡。至於仙人掌這類執行CAM光合作用的植物，則是透過在夜間才打開氣孔來避免水分流失，此時氣溫較低，它們吸取二氧化碳並將其儲存在細胞內室，等稍後在白天再吸收利用。或許這違反

我們的直覺，然而正是這種細胞與分子等級的微小適應，有能力翻轉整個生態系統。

化石資料不僅顯示出現今的草原生態系統如何形成，也揭露一個巨大生態系統的消逝，那是大約在六千六百萬年前，恐龍滅絕不久後出現的北方熱帶森林。儘管你沒聽過這種森林，它卻曾經以絕對優勢植被之姿，覆蓋北美洲、歐洲及亞洲等大陸的南部廣大區域，長達兩千多萬年。其林相組合頗不尋常，雖是熱帶原生的大型樹木，但長著粗厚、耐旱的葉子。我們無從得知當時氣候的詳細資料，但可以根據那些特徵，合理推斷這些區域乾濕季分明，可能比今天的雨林氣候區乾燥，但比地中海型氣候區濕潤。

然而，我們對於生態系統的演變，或這種演變在長期保育上意謂著什麼，都所知甚少。這些自然史上的變遷告訴我們，不該把地表當前的生態系統視為理所當然。特別值得關注的一點，是可能存在的「臨界點」或「毫無退路的地步」，也就是一旦越過這個點，整個生態系統或許再也無法回復到先前的狀態。舉例來說，科學家估計，在世界最大的亞馬遜雨林失去總面積的20%至25%時，便會不可逆地永遠變為莽原。而某些估算指出，我們至今已失去亞馬遜雨林在人類出現前總面積的18%以上，這意謂著我們已經非常逼近那個臨界點。

其實，近年來我們已經看到類似的生態系統更替，例如可能得歸咎於自然因素的薩赫爾地區（Sahel）沙漠化。這個位在撒哈拉沙漠南緣的廣大乾燥帶，所涵蓋的面積有埃及國土的

三倍大，而且一直到幾千年前，氣候都還是濕潤且森林廣布。

更戲劇性的則屬鹹海的瓦解；這個龐大的水體，位在現今的哈薩克與烏茲別克之間，它曾經生機蓬勃，人類在它周圍建立起豐富的社會文化。然而，它完全消失了，因為前蘇聯領袖史達林決定發展極需灌溉水源的棉花栽培業；棉花是一種完全不適合這個區域的作物，而且還毀掉了這裡的野生動植物。

生態系統是構成地表生物多樣性的最大要素。儘管「生態系統」比生物多樣性之星中的最小單位「基因」大得多，但基因與生態系統都代表著同一付望遠鏡的兩個鏡片。這付望遠鏡的所有五個生物多樣性「鏡片」，是彼此密切合作與互補的；就像一部微調過的天文望遠鏡，能探索遙不可及的天體，這部生物多樣性望遠鏡，也讓我們探索、了解並真正看到這個生氣盎然的星球。現在，我們應該更完整了解了何謂生物多樣性；在面對它為何消失得如此快的殘酷事實之前，我們得先釐清它為什麼真的很重要。

註釋 ————

1. 原書註：有關海洋與陸地生態系統的專門用語、識別及界定，不同於生物分類學的原則（包括前面提過的林奈把物種歸入屬、科、目、綱、界的分類法），在學者專家之間還處於莫衷一是的狀態，好比生態系統（ecosystem，又譯生態系）、生態群系（biome）和生物區域（bioregion）這幾個用語，有時可以交替使用。而我在這裡所採用的是其中最普遍的「生態系統」。

Part 2

生物多樣性的價值

THE VALUES OF BIODIVERSITY

一朵花的價值是多少？答案因人而異。在我們這個過度講究金錢的社會裡，經濟學家或許會試著大致客觀地幫它定出價位。作為木材用的樹種的花，是樹木本身繁殖以及它在森林裡得以存在的基礎，因此價值可能等同於木材的價格；就小農而言，則是只有熬過苦旱的作物所開出的花，才稱得上有高價值；對一隻只替單一物種授粉、舌瓣無法探及其他植物花蜜的蜂來說，找到那朵正確的花來止飢，可是事關生死的問題；對詩人或愛好大自然的人來說，一朵花的價值，至少是與在森林裡走一大段路，尋找讓自我生命充滿喜悅與敬畏的珍稀野花那樣高。價值是相對的、易變的，具批判性卻又隱晦的。

　　正如天上的繁星根本不在意人類在凝望宇宙那片虛無時，是如何看待它們；花兒，以及生物多樣性也不是真正為人類而存在。不過，有件事是可以確定的：沒有它們，人類就不會存在。在這裡，我會告訴你為什麼。

Chapter 6

爲了人類自己
不可或缺的食物與藥物來源

　　我仍清楚記得，2000 年代早期的某天，自己在哥特堡大學的植物研究所，敲著倫納特·安德森（Lennart Andersson）研究室大門的情景。那天又悶又熱，在即將放暑假之前。我所知道的倫納特，是個安靜、含蓄且有點古怪的老師；他上課時，總是輕聲細語，如果你不坐在教室最前方，就很難聽見他在說什麼。我是在認識他好幾個月之後，才知道原來他是一位教授，而且是知名的科學家——以頂尖美洲熱帶植物專家，以及用科學方式爲一百五十多種植物命名而聞名國際。但他不是一個喜歡自吹自擂的人。

　　倫納特坐在他那張老舊凹陷的椅子上，正用一指神功在一具骯髒的鍵盤上打字。書桌上除了堆滿一疊疊影印的論文、期刊、地圖和植物標本，還有幾個空咖啡杯。我清了一下喉嚨，爲自己的打擾向他致歉。我說，我一直在思考自己的未來，並且想知道他是否願意當我的碩士學位研究計畫的指導教授。他花了幾秒鐘來消化我所講的話，然後咧嘴展開一個大大的笑

容。「當然好！」他答道，並指著書桌另一邊的椅子對我說：
「我們來談談吧！」

金雞納樹與奎寧

這一天改變了我的人生。我們展開一場深入的對談，而且
話題很快就轉移到南美洲一群學名被統稱為「金雞納族」
（Cinchoneae）的植物，其中包括一百二十多種不同的矮小樹
種，最廣為人知的共同特徵便是樹皮含有奎寧，這是一種帶有
苦味的成分，現在以賦予通寧水（tonic）獨特的口感而聞名，
但也是數百年來唯一已知能治療瘧疾的藥。有些人認為，奎寧
是歷史上拯救最多人的植物性藥物。

倫納特花了許多年，想弄清楚這群植物到底含有多少物種
以及該如何區別它們，但他還缺少一個關鍵地區的樣本：雄偉
壯闊的亞馬遜雨林的西北部。所以，我有興趣研究這群植物，
甚至有興趣跟他一起到那裡去進行研究嗎？好吧，你應該猜得
到我的答案。

現在那些都變成歷史了：我們搭著超級迷你飛機和獨木舟
穿越雨林；在炎熱的暑氣中長途跋涉；採集許多樣本；為一個
含有兩個物種的新植物屬做科學描述……雖然許多植物學家選
擇以他們的伴侶或親人的名字，來為自己發現的新物種命名，
我還是決定把這個新的屬稱為 *Ciliosemina*，意指「多毛的種
子」，這是我們用肉眼就很容易看到的特徵（圖12，見P.92），

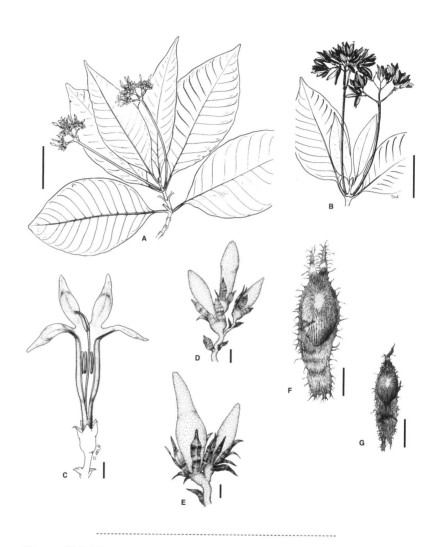

圖12：**植物屬**_Ciliosemina_**裡的兩個物種**。我在最早的學術出版品中描述過它們，它們所屬的植物群是咖啡所屬的茜草科，為地表最具千變萬化的植物群之一，幾乎每年都有科學上的新發現，主要來自於太少被研究的熱帶地區。

而且能區分它們與這群植物裡其他物種的種子全都光滑無毛的差別。

南美原住民對金雞納樹皮（金雞納族裡有好幾種樹都適用這個普遍稱呼）的利用，是人類在整個生存過程中，受益於生物多樣性的最佳範例。我們的老祖宗經由嘗試錯誤，透過基本味覺、觸覺與嗅覺的引導，也藉著觀察及聆聽其他動物，探索了周遭幾乎所有物種的用途。

在生物與文化多樣性交會的安地斯山脈，秘魯、玻利維亞及厄瓜多境內的原住民部落——蓋丘亞（Quechua）、卡納利（Cañari）與奇穆（Chimú），早在西班牙人到來以前，就認識了金雞納樹皮。那些部落可能已經使用它來有效對抗腸道寄生蟲，但我們對其如何利用這種樹皮的細節仍大多未知。不過，即使部分傳統知識已散佚在他們與殖民勢力的慘烈對抗中，現今新的科技也能讓我們更了解這些植物的歷史。

我與丹麥同事尼娜·倫斯泰得（Nina Rønsted）有幸能共同指導兩位極為優秀的南美洲學生：來自玻利維亞的卡拉·馬多納多（Carla Maldonado）與秘魯的娜塔莉·卡納勒斯（Nataly Canales）的博士論文，她們從近期及舊時蒐集到的樹皮樣本中，生成了大量的基因數據。還有另一位學生基姆·沃克（Kim Walker）與邱園經濟作物收藏館館長馬克·內斯比特（Mark Nesbitt），他們的研究釐清了這個引人入勝的傳奇的許多面向。

金雞納樹皮的例子絕非單獨個案，科學家迄今已經彙整四

萬多種在世界各地傳統社群裡被利用的植物，它們是藥材、食物、織品、建材、木材、毒藥、能源、油脂、飾品、麻醉催眠，以及其他東西的來源。

人體所需的營養素

前幾章已論及的生物多樣性之多重面向，在我們對物種的探索與利用上，也扮演著重要的角色。人們常說保持飲食多樣、多吃蔬菜水果有多麼重要，但是我們應該選擇哪些食物呢？這顯然是一個複雜的問題，因為它牽涉到季節、可得性、環境衝擊、口味與價格等各方面。

一個經常被忽略的額外因素，是它們的演化多樣性，如我們所見，這在物種之間可以產生很大的差異。如果你把馬鈴薯、番茄和茄子煮成一道菜，你使用的其實是同一科植物（茄科）裡的三個成員，它們全都密切相關，代表著三千七百萬年的演化結果。假若你選的是馬鈴薯、青花椰菜和核桃（分別是茄科、十字花科與胡桃科），你會把它們的演化時間幾乎拉長十倍，變成三億四千萬年。

不過，這裡的重點不是你把多少演化時間裝上盤子，而是這一大段流逝的時間在營養方面帶來的結果。我們可以從許多不同的食物來源，獲得每天的主要營養素，也就是那些提供人類大部分能量的物質，包括我們所需要的蛋白質、脂肪與碳水化合物。除了這些之外，我們還需要一系列的微量營養素，那

是我們無法在體內合成，但對生存極其重要的維生素與礦物質。微量營養素很難被發現，經常只局限於生命樹上的特定分支，而不是隨機分布。

以鋅爲例，儘管我們只需要微量的鋅（成年婦女每天約八毫克多），但身體的每個細胞都會用到它，因爲它是製造DNA的關鍵。鋅也讓我們對細菌與病毒更具抵抗力。而某些最富含鋅的植物，全都屬於豆科植物，包括鷹嘴豆、小扁豆和腰豆。若想攝取另一種微量營養素「硒」（攸關人類的生育力），你就得吃高麗菜、花椰菜或青花菜這類十字花科的成員。

雖然要證明這件事還需要更多研究，但已經有合理證據顯示，一種演化更多樣的飲食型態對我們是有益的。由於眞實狀況經常並非如此，這一點也讓人憂慮。

全世界有超過四十億的人口，是仰賴稻米、玉米或小麥這三種主食維生。而你會注意到，它們全都屬於禾本科植物；這意謂著人類所吃的食物基本上很類似一隻放養的牛。此外，超過90%的人所攝取的熱量，只來自十五種穀類作物。這些數字與科學家的數據呈現強烈對比，他們根據世界各地傳統知識所記錄到的可食用植物，一共高達七千多種；而且這個數字，只代表全世界所有可食用植物種類中的一小部分。

人類社會對如此少數作物的依賴，明顯帶來了營養不良、貧窮與不均等的問題。此外，由於一場病蟲害或某種病原體就能快速毀掉廣大栽培面積，僅仰賴如此少數的農作物種類，也將人類置於一種無比脆弱的險境。

這完全就是1845年到1849年期間發生在愛爾蘭的大饑荒之寫照，一種像真菌的微生物危害了馬鈴薯農作，而馬鈴薯是當時絕大部分人口的主要食物來源。嚴重歉收的農作物，再加上廣大百姓在殖民統治下經歷不公不義所引發的其他社會政治因素，終於導致一場超過百萬人口死亡的悲劇。

　　現今，有另一種真菌正在對全世界最多人消費的水果「香蕉」，造成無藥可醫的威脅。儘管香蕉有一千多個不同品種，每一種都有它的基因變體、顏色、形狀與大小，但全球半數的香蕉生產以及供外銷的99%香蕉，卻只仰賴單一品種：香芽蕉（Cavendish）。近來，對香芽蕉最具毀滅性的真菌株，首先是在1990年左右出現於東亞地區，之後它陸續出現在澳洲、非洲與中亞。到了2019年，就連拉丁美洲也淪陷了，這使它變成一種泛熱帶性疾病。

　　這場疫情即使不影響全部，也可能會影響絕大部分只種香芽蕉的單一種植園，至於栽種品種較多樣的農民，情況則會好很多。在非洲，小農們栽種與買賣各式各樣的香蕉品種已有一千多年的歷史，貢獻這個大陸四分之三的香蕉總產量，並且捍衛他們的農產品免於全軍覆滅。

自然對人類的貢獻

　　一個擁有多樣生物的生態系統所能擴充衍生的價值，遠遠超越個別物種，這使得生態系統的價值遠高於它原本應有的。

幾千年來，生態系統為人類做出無數真實可見的貢獻，這經常被稱為「生態系統服務」，而用一種更廣義、更明確涵蓋非物質利益的近期概念來說，也叫「**自然對人類的貢獻**」（nature's contributions to people）。我在世界各地走訪過的最美麗、具有最豐富生物多樣性的森林之所以受到保護，是因為它們替城市提供了乾淨的水源。野生的蜂及其他昆蟲，免費為我們的農作物授粉；森林與其他生態系統，包括自然公園，則是給了我們美景、新鮮空氣與運動的機會，讓我們及親友能在緊張高壓的生活中重新充電，改善生活品質並促進身心健康。

雖然植物是人類從自然界獲益的主要來源，但我們也從無數動物身上得到了好處。很明顯地，人類把牠們當作食物，而且經常以複雜又精細的方式，從牠們身上獲取有價值的蛋白質與油脂，像是格陵蘭伊努特人（Inuit）的傳統海豹餐，以及婆羅洲岩洞裡可以吃的鳥巢，也就是金絲燕用硬化的唾液做成的燕窩。

我們也以動物入藥，就像生活在北美大西洋岸、俗稱「馬蹄蟹」的鱟，牠們亮藍色的血對於有毒細菌極度敏感，在醫學界扮演著無比珍貴的角色。鱟這個物種出現在地表已經超過兩億四千萬年，但即使現今醫學如此進步，以牠們的血來檢測藥物與疫苗是否受到有害細菌污染，仍是最有效的方法。美國境內所生產的每一種新冠肺炎（COVID-19）疫苗，至今都還是以這種方式來測試，以決定它是否能取得使用許可。

儘管有關生物多樣性用途的報導已經多如牛毛，我們所觸

及的仍然只是冰山一角；在它有用的特質裡等著被發掘的寶藏，根本無可限量。我們不知道下一場世紀大疫情會是什麼，但是能讓我們從中倖免的解方，說不定就藏在剛果的森林或紐西蘭的草原裡。現今仍生存在地表的所有物種，身上都帶著歷經千百萬年演化的基因，這使它們能應付特殊環境條件、對抗病毒與細菌，有更聰明、更創新的發展而勝過了其他物種。

生長在過期麵包上的藍綠色黴菌被鄙視了數百年，直到蘇格蘭科學家亞歷山大・弗萊明（Alexander Fleming）意外發現能用它來製造一種成分，也就是未來還能繼續拯救成千上百萬人性命的盤尼西林。根據估計，現存真菌至少有三百萬種，而它只不過是其中之一；如果說還有許多有用的真菌正等著被發現，也是非常有可能的。

今天，我們對物種彼此的關係以及它們的基因扮演著何種角色，都有了更長足的了解，在這些條件的指引下，新科技也更能加速發覺並檢測不同物種的重要特質。

就經濟角度而言，生物多樣性經常被認為是一種「資產」。與經濟上的投資組合類似，你所擁有的選擇愈趨向生物多樣化，那麼一旦面對不利條件時，例如極端氣候事件或意外的環境威脅，你就愈有機會堅持下來。

許多小農早就了解保持作物多樣化的價值；在非洲東部，幾千年來人們一直在土地上廣泛栽種著各式各樣的作物。不管是氾濫平原或山區，他們選擇的都是特別能適應當地環境的作物。這樣的多樣化給了他們長期的安全保障，假若有某種作物

在某一年因爲乾季太長或蝗害侵襲而歉收，或許還有其他作物不受影響。

想從生物多樣性獲取價值的主要挑戰，可歸結爲一個字詞：**永續性**。綜觀人類的歷史，我們已經把對自然界予取予求這件事視爲理所當然，我們沒有回饋，也沒有留給它足夠的時間來休生養息。人類已經捕撈了太多魚，殺了太多馬蹄蟹，砍掉太多金雞納樹，獵了太多海豹，也偷走了太多「可以吃的鳥巢」。我們以爲生物多樣性是一種無限的資產，奪走了它在基因、分類、演化及生態系統上的多樣性。

嘗試修復生態系統是值得讚賞的事，但除非我們停止那些非永續性的資源獲取方式（第十章將進一步檢視），否則將是功虧一簣。非永續性的資源獲取方式，是讓生態加速惡化，促使生物多樣性喪失的主因。我們必須盡快爲永續的社會與經濟發展找到解決方案，使它們比現在更公正且更具環境永續性。

我們也必須認清一點：物種並不是一堆等著讓我們利用的東西。它們是錯綜複雜、彼此緊密關聯的有機體，在維持運作良好的生態系統上都扮演著至關重要的角色；而運作良好的生態系統，是一個體質強健的自然界之前提。

Chapter 7

為了大自然
維持生態的平衡與繁茂

「生物多樣性的存在，主要就是用來當人類的資源。」這種觀點一直深植在我們的文化和許多宗教裡。在聖經的《創世紀》書卷中，我們會讀到「我已將遍地上一切結種子的菜蔬和一切樹上結有核的果子，全都賜給你們作食物。」它也說人類「管理海裡的魚、空中的鳥、地上的牲畜和所有爬行的生物。」

這種對生物多樣性的開發利用式觀點，至今仍然主導著多數人的想法與公眾言論。它也是我們在主張保育時，最被廣泛採用的論點：我們必須保護物種，因為它們可能對人類具有某些已知或未知的好處。在我走訪世界各地採集植物的旅程中，已經數不清有多少次被當地人這樣問：「這種植物有什麼好處？」而如果我回答「我還不知道」，他們就會露出懷疑的表情。在瑞典，箆子硬蜱（common tick）是非常微不足道的動物，但基於牠可能夾帶病原，所以也非常危險，幾乎是每年夏天媒體議論的焦點，人們會問這種蜱蟲到底為什麼要存在，還有用什麼方式可以把牠們徹底滅除。

但是，每個物種都是自然界複雜精細生命網的一部分。它們的存在對生態系統的健康與功能極其重要，因為它們驅動了餵養、繁殖、傳播、競爭、生存與死亡這些關鍵的自然作用。有些物種可能扮演著我們幾乎不會察覺的角色，像是一根爛木頭裡不同真菌之間的化學戰爭，或是能把海底一具龐大的鯨魚屍體縮減成一堆白骨的海蝦、海螺和剛毛蟲。

即使是瑞典人最痛恨的蜱蟲，也具有重要的生態角色：牠們是鳥類、青蛙、蟾蜍、蜥蜴和蜘蛛等許多動物的食物；牠們把病毒、細菌和微生物帶到許多動物身上，這或許有助於調節族群大小；牠們也是好幾種寄生蟲的宿主，包括蜱寄生蜂，這種黃蜂仰賴蜱來產卵並生存。

在八匹狼重返黃石公園之後

有時候，單一物種對一個生態系統所能產生的衝擊，一點都不細微隱晦。1995 年，生物學家把八匹狼野放進美國黃石國家公園。在此之前，狼在這裡已經滅絕了七十年，因為牠們有時候會捕獵農民飼養的牛隻，於是遭到那些取得政府許可的當地農民全面獵殺。

早在 1930 年代，科學家就在關注一種叫落磯山糜鹿的鹿群數量增加所造成的衝擊。這些鹿群以前還有狼這種天敵，現在則密集地出現在公園裡四處吃草，導致土壤遭受侵蝕，許多植物也面臨消失之險。然而，執行這樣的「再野化」實驗並非

沒有爭議，因爲很多人擔心狼可能會離開園區，攻擊農人的牲口或甚至對人類造成威脅。

不過，接下來那幾年所發生的事，讓國家公園管理員和參與這項計畫的生物學家，都不敢相信親眼所見的事實。被野放到公園裡的那八匹狼，啓動了一連串的連鎖效應，產生了遠超過任何人所能想像的衝擊，而且這些效應還在持續發酵中。

就如相關人士所料，狼確實減少了鹿群的數量。而隨著鹿隻減少，園區內的谷地也很快就開始從被過度啃食中復原，植被也漸趨茂密。許多植物種的整體數量增加，包括白楊、三角葉楊、赤楊，還有好幾種柳樹與會長莓果的灌木。尤其是柳樹，它不僅是鹿群，也是河狸冬天的主要食物來源；隨著更多柳樹長成，原本僅剩的河狸群落有了更多食物可以讓牠們生長與繁殖。

當河狸確實發展壯大後，又透過擴大興建新的堤壩與沼塘，開始影響整個園區的水文狀態。而那些水體又進一步爲許多魚類和其他淡水生物，提供了適合的棲息地。在空中，鳥類的生命也在這個新近變得多采多姿的地貌上開始欣欣向榮，鳴禽的數量也增加了。

換句話說，某單一物種的引進，改變了整個生態系統的動態與生物多樣性，甚至還改變了河川的流路（圖 13，見P.103）。而人們先前害怕會發生在牲口和居民身上的衝擊，反而是微乎其微且可以管控的。

那種能夠對自然界產生如此重大效應的物種，經常被稱爲

圖13：重新引進狼群後的黃石國家公園。少數個體野放後所引發的
一連串事件，塑造了多樣且異質的生態系統，與1920年代狼在當地
滅絕後所形成的那個生態系統截然不同。

關鍵物種（keystone species）。其他例子還包括大象，牠們食用並踐踏植被，避免森林的樹冠層變得過於濃密，也使陽光更能穿透林間，灑落在生長於森林底層的植被上；海獺因吃掉海膽而控制了牠們的數量，間接替加州外海那些高度多樣、緊密交纏的海藻林維持了平衡；許多啄木鳥每年都會在樹幹上築出新巢，而那些舊巢則會再被利用，成為其他生命的庇護所，包括貓頭鷹、野鴨、燕子和許多小型哺乳動物。

夏威夷半邊蓮的命運

　　沒有任何物種是活在孤立的狀態下，因此移除其一就會直接影響到其他。我在攻讀博士學位時，研究了桔梗科裡一群名為半邊蓮的植物，發現它們源自南非，而且有辦法從那裡傳播到數千公里外的陸塊上。

　　這或許得拜它們超級羽量級的種子之賜（三萬六千顆種子的重量加起來只有一公克），才能隨風跨越這樣遙遠的距離，或附著在鳥的羽毛和足部搭一大段順風車。無論是哪種機制造就了這段壯闊漫長的旅程，反正至少有一顆種子，在千百萬年前來到了夏威夷群島，在那裡落地生根，並逐漸壯大成一個地表上絕無僅有、包含超過一百二十五個物種的植物群；這是所有群島植物特有種化案例中，最大規模的爆發。

　　夏威夷半邊蓮演化出這麼多種類的原因之一，是它們得適應當地的動物相，尤其是鳥類。隨著時間過去，同時也因為自

然天擇，有好幾種燕雀類的鳥發展出可完美搭配半邊蓮特定種類花型的嘴喙；另一方面，這些花也演化出完美的花瓣形狀，以協助那些鳥來吸食它們的花蜜。這創造出一種雙邊互惠的關係，鳥兒得到充足的食物來源，植物也得到有效率的授粉者，可以長距離飛行，找到同種植物的花來取食並同時傳遞花粉。

這場協同演化的美好交互作用，持續了好幾百萬年，直到玻里尼西亞人在一千多年前來到這裡，帶來他們的豬與老鼠，後來歐洲人也登陸了這個群島，並把家貓這種更兇殘的動物引進來。那些被人遺棄的貓很快就充滿野性，牠們靠獵捕當地動物維生，迫使好幾種本土的鳥種走向滅絕，包括那些與半天蓮關係非常密切者。半天蓮失去了最理想的授粉者，數量大減，有好幾種甚至已經被認為完全滅絕。

生物多樣性除了維繫著個別物種之間錯綜複雜且脆弱的互動，也是生態系統能否從自然或人為干擾中（不管是颶風或推土機）復原的基礎。若是有較高的物種豐富性，就能維持較高的功能多樣性，假若某物種不見了，至少短時間內有另一物種能取代。

舉例來說，大部分的猴子都不太挑食，而我有次在拜訪中美洲時，就聽過一項研究計畫。生物學家把GPS定位器裝在猴子身上，這些猴子生活在巴拿馬運河裡的巴羅科羅拉多島（Barro Colorado），根據定位器顯示，猴子為了覓食，每天都會搜索大片森林，移動很遠的距離。只要有某種樹結了果實，

或是周圍有足夠的昆蟲或小型獵物可捕抓，這些猴子的需求就會被滿足，牠們的存在與所有對生態系統的貢獻，就能夠持續下去。

生物多樣性對自然的重要性，從熱帶到極區都適用，不管那個生態系統的物種原本就豐富多樣或單一貧乏。在北極地區，重量可達八百公斤的北極熊幾乎只吃海豹，偶然才吃海象、鳥蛋與鯨魚屍體；因此，氣候變遷或人類的捕獵在北極熊與海豹族群規模上所導致的任何變動，都會使食物鏈立即中斷，並在整個北極生態系統產生連鎖效應。

儘管我把生物多樣性對人類及自然界的價值，分成兩章來敘述，但平心而論，能為自然界帶來好處者，在很多情況下也有利於人類。一片茂密的紅樹林，不僅為許多海洋生物提供必要的棲息地，也為人類提供食物，以及風暴與海嘯侵襲時的保護。一座保護良好的雨林，不僅全面支持著生物多樣性，也讓人類有「生態系統服務」這個無價之寶可依靠。

這全都有關功能及利益，但如果有某種生命，對其他物種連一個已知或假設的貢獻都沒有呢？我們還能夠將必須投入資源以支持它繼續存在一事合理化嗎？

Chapter *8*

為了物種本身
生存、留存和再生的權利

2017年的《華盛頓郵報》（*Washington Post*），刊登了一篇來自某科學家的讀者投書，標題是「我們不需要拯救瀕危物種，滅絕是演化的一部分」。雖然依照慣例，這個標題應該是報社編輯下的，但文章裡有許多句子也都反映了這個訊息，好比「我們應該保護生物多樣性的唯一原因，是為了人類自己」；「保護一種因人類而幾乎死絕的物種〔……〕目的是減輕我們自己的罪，此外就什麼都不是了」；還有「滅絕不帶有道德含義」。

看到這些觀點被刊登在一份具領導地位，而且每個月讀者超過一億人的報紙上，著實讓我非常生氣。我認為把當前物種的滅絕稱為一種「自然」過程（當然不是！今天物種消失的速度，要比人類出現之前的時代快上幾百到幾千倍），並拿這種主張來當作「自然保育不具優先權」的理由，不僅是一種曲解，也過度把人類視為宇宙中心。

科學家確實偶爾喜歡在離自己舒適圈很遠的爭議話題上發

表意見，並讓自己大出洋相，但儘管他們的論點可能不對，我還是爲他們廣泛地關注社會現況而鼓掌喝采。只是在這個案例裡，這些意見是出自一位頗受認可的年輕研究者，他的專業領域正好就是生物多樣性這門科學。

在許多憤怒的評論立刻開始出現在報紙網頁、社群媒體與部落格的同時，我也很想表明「那篇讀者投書裡所論述的觀點，並不能普遍代表這個領域的學者」。所以我的朋友兼同事艾莉森・派瑞格（Allison Perrigo）和我著手起草了一份對這篇文章的回應，也開始接觸一些其他同事，詢問他們是否有興趣一起簽署。然後事情開始進展得很快，而且幾乎不受控制。透過口耳相傳，我們的倡議蒐集到了幾十個，然後幾百個，最後超過三千人簽名連署，其中包括諾貝爾獎得主及許多學術界與社會的名人。

在我們的積極推動下，這篇回應也終於被《華盛頓郵報》刊登了。雖然因爲嚴格的字數管控，它在篇幅上比原本那篇爭議性文章要短得多，而且可能只有一小部分原讀者會看到，但它確實展現出有多少人是如此熱切地感受到，保護物種是人類必要的責任。不只爲了它們對人類、對生態系統有用，也爲它們本身內在的價值。

這讓我突然想到，假若我們說的不是其他物種，而是人類自己，那整個討論可能根本不會發生。世界上絕大部分的人都跟我們沒有一點關聯；彼此離得太遠，無法成爲我們地方社群的一部分，而且他們既沒有種植我們所吃的食物，也沒獲取我

們的服務。他們對自己的親友很重要，而有些人沒有後代子孫或關係較近的家人，但這並不會讓他們比較不值得被社會關照、支持或賞識。換句話說，每個人都有自己的價值，以及生存與茁壯的權利。這種理念不應該延伸適用到所有生命嗎？

我知道我正踩在敏感地帶，因爲很多人會主張，人類與其他物種天差地遠，中間隔的是一座海洋的距離。然而，身爲演化生物學者，我看到的是爲數驚人的證據，證明了我們只是許多猿猴物種中的一種，那棵生命樹靈長目分枝上的一片葉子。我們大部分的DNA和歷史，都與其他物種共有，因此人類無法自外於自然界，而自然界及其物種也無法與人類切割。如果我們從道德與倫理來決定每個人都有平等的生存權利，我不明白爲什麼不應該把類似的權利也賦予人類之外的生命。

有關自然與物種擁有「自身權利」的理念，早就根植在許多原住民文化中，而且近年來也變得愈來愈盛行。全球各地的組織正試圖以「自然的權利」（Rights of Nature）之名，賦予山、川、海洋與它們的多樣生物「生存、留存和再生」的法定權利。這種作法與現狀是一種明顯的對比，現狀是：自然總被視爲是土地擁有者的「財產」，而地主也因此被有效賦予「如果想要就可以將其摧毀的權利」（除非這塊地在某種形式的法律保護之下）。

2008年，厄瓜多成爲了第一個在憲法上承認「自然的權利」的國家。在那之後，包括玻利維亞、紐西蘭、墨西哥、烏干達、孟加拉與印度在內的世界許多角落，都取得了類似的成

果。在某些例子裡，這樣的權利則是被納入地方而不是國家的法律，例如在美國的許多城鎮或郡縣就是如此。

然而，這些只是個別的成功案例，不僅大部分的人都沒聽過，當事態真的很嚴重時，效力也有限。還有一點再清楚不過，許多人，包括某些最具影響力的政治領袖，並不認同「生物多樣性具有值得保護的內在價值」這個觀點。

亞馬遜雨林在 2019 年遭遇了幾十年來情況最惡劣的一連串大火，而放火的人正是那些想要毀林闢地來養肉牛或種大豆的農民。發生這些事的原因，顯然完全與巴西那位直言不諱的總統波索納洛（Jair Bolsonaro）具爭議性的計畫有關。他的「開發亞馬遜」計畫，涉及了承諾不處罰那些掠奪土地者，宣稱原住民已經擁有「太多土地」，還鼓勵農民私下購買武器。

我在部落格為邱園寫了一篇措辭強烈的文章來回應，標題是：「亞馬遜正在燃燒，這個世界只是袖手旁觀嗎？」，文內清楚說明摧毀地表最大、最古老且生物最多樣的雨林之後果，這讓我獲邀接受電台訪問並到世界各地參與討論。這位總統在一場聯合國氣候高峰會後不久，終於對不斷升高的批評聲浪做出了回應；他明白指出，亞馬遜是巴西的財產，不是全人類的，也不是世界的；如果這個國家為了「經濟發展」而想利用它，就完全有權這樣做。

身為一個以亞馬遜雨林為主要研究焦點與欣賞對象的巴西國民，我深思著法律大多被制定成方便立法者，經常過度關注

小事，但忽略更嚴重的大事。過去，我爲了自己的碩士研究計畫，準備第一次前往亞馬遜雨林的行程時，必須先取得採集植物以製作標本的許可證。當時，我知道很多研究者根本懶得申請許可證，因爲他們知道那程序繁複到你可能永遠都拿不到證明。但我想正派行事（並且避免銀鐺入獄的下場），所以在出發的六個月前就開始提出申請。

然而，我得不斷地回覆那些愈來愈吹毛求疵的詢問，譬如我想在哪個確切的地點採集哪一種植物，但問題是，如果我已經知道答案，大概就沒必要進行這趟旅程了。儘管如此，在分別填完來自各個不同公家機關的成堆文件後，我終於在即將展開田野調查的一週前，收到了一個答覆：「需要由巴西總統批准你的請求」。

所以事實是，一個年輕的巴西學子爲了進行研究，想在一些幾乎沒人認識的物種中，收集幾根樹枝（完全不會造成任何環境衝擊）的請求被拒絕了。然而，同一時間，某些財力雄厚的農民和立法者，卻有權每年砍掉並燒毀大片雨林，而且完全有法律撐腰。

我的無力感與挫折感大到難以承受，然後就在我出發到機場飛往亞馬遜雨林的半個小時之前，接到了一通來自巴西環境部的電話，表示他們已經批准了我的申請，並且會把文件直接傳眞到我下榻的旅館。我大大地鬆了一口氣，卻還是爲整個荒謬情況困惑不已。

儘管某些政治領袖採取反對態度，我們的法律體系也缺乏認可，但我希望前三章所陳述的論點，充分闡明了我們確實必須珍惜且保護全球的生物多樣性；因為不管從利己或利他的角度來看，這一點都不容否認。

　　面對我們這個世代所造成的巨大環境威脅，在事情變得一發不可收拾之前，我們必須傾全力挽救這個星球上的物種與生態。不過，若要做到這一點，還得先確認並了解致使生物多樣性喪失的主要原因。

Part 3

生物多樣性面對的威脅

THE THREATS TO BIODIVERSITY

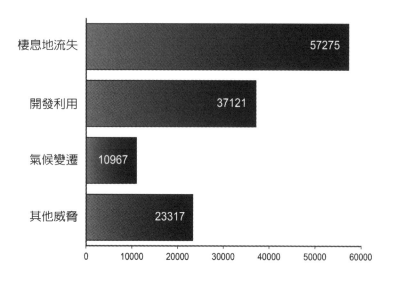

目前已記錄的受影響物種數

棲息地流失 57275
開發利用 37121
氣候變遷 10967
其他威脅 23317

0 10000 20000 30000 40000 50000 60000

圖14：生物多樣性所面對的主要威脅。這張圖說明了自然棲息地的流失、物種的直接開發利用,以及氣候變遷,對全球物種構成了最大的威脅。而其他的災害或風險,包括物種入侵、污染與疾疫,也增添了相當的壓力並產生增強效應。這些數據來自國際自然保護聯盟(IUCN)與其合作組織所進行的保護狀態評估。不過,大部分物種所面對的威脅,都尚未被評估。

一個黑洞正無聲無息地在吞噬我們的生物圈；那是地球表面的一個薄層空間，容納供養著所有的生命，並讓這個星球與浩瀚神祕宇宙裡已知的其他天體完全不同。然而，這個黑洞並不是一種不可逆的天體現象，它完全就是人類無止境的貪婪所造成的。人類的消費行為，特別是在那些長久得利於結構性全球不公的富裕社會裡，一次又一次地生吞活剝生物圈的血肉。就在我們過著尋常生活，維持著一種在程度上絕對稱不上永續的資源利用方式時，生物多樣性正以一種人類歷史上未曾有過的速度在消失。

作為人猿總科裡一種自稱有「智慧」的物種——智人（*Homo sapiens*），人類根本配不上這個名號。不只是一隻又一隻的犀牛、一棵又一棵的蘭花，根據預測，有一百萬種生物正在唱著瀕臨滅絕的悲歌。我們是如何走到這種可怕處境的？人類不僅完全在自掘墳墓，也讓身邊許多物種活不下去。原因有很多（圖14，見 P.114），一如你接下來會看到的內容。

圖15：**一隻緋紅金剛鸚鵡**。這是生活在南美洲的潘特納爾濕地
（Pantanal wetlands），無數不可思議的鳥類之一。

Chapter 9

棲息地流失
大加速時代帶來的破壞

　　我記憶中最早的家庭旅遊之一，是在 1980 年代的一次潘特納爾濕地之旅。那裡有全世界最大的濕地系統，就位在亞馬遜雨林的南邊。我們從家裡出發，得花兩天的時間才能抵達那裡。而一路上的風景，則是從聖保羅市的都會景觀，逐漸轉變為馬賽克般穿插著河流、埤塘和小塊林地的天然莽原地貌。

　　我跟我弟比賽著誰能發現最多的裸頸鸛（Jabiru），那是一種漂亮的大型鸛，頭部呈黑色，頸部像繫了一條紅色領巾，身軀則是白色的；每當我們大聲喊出牠的葡萄牙名字 "Tuiuiú" 時，都忍不住發笑。我在數了幾百隻之後，數字就亂掉了，然後又因為看到太多野生動物而分心。做日光浴的凱門鱷、一群群的水豚（地表最大的齧齒動物）、緋紅金剛鸚鵡（圖 15，見 P.116）、巨嘴鳥，還有各種猛禽等等。後來我才知道，原來潘特納爾濕地以獨特的生物多樣性庇護所而具有全球知名度，讓我感到驚奇不已。

　　所以，大約在十五年後，當我帶著未來的老婆第一次來到

巴西時，自然想向她展現自己國家最好的一面，潘特納爾濕地也理所當然成為我們的第一站。只是，這次的風景已不再是我記憶中的模樣。我們花了比過去更久的時間，才開始在路上看到野生動物，因為城市聚落已經大舉擴張，大規模單作的大豆田也拓展進入莽原深處。

就在我寫下這幾行字的同時，是我最後一次造訪那裡的二十年後，我很清楚潘特納爾如今已經面目全非。僅僅在2020年，它就有大約四分之一的總面積被農民放火燒毀，因為他們想取得更多土地來種植大豆及飼養肉牛。

不幸的是，潘特納爾濕地並非特例。在南美洲的大部分地區，更確切地說，在全世界其他地方的自然生態系統──森林、濕地、莽原、草原、海床、珊瑚礁，全都經歷了巨大的變遷與退化。不管在陸地或海洋，「棲息地流失」已經成為全球生物多樣性喪失的最大兇手。

幾千年來，人類已經改造了自己的星球。出土的文物、花粉和木炭這些考古學及古生態學的證據，愈來愈挑戰著所謂「未經染指」、「純淨原始」的棲息地這種想法。它們顯現出人類的活動至少從一萬兩千年前開始，就對地表絕大多數生態系統造成具體可觀的改變。

然而，人類當時的活動從來不曾像現在這樣如此密集、具破壞力。現今我們所看到的生物多樣性急速流失，主要可以從人類如何加速開發及利用大自然來解釋，它迥異於那些原住民社群或傳統、地方社群普遍採用的方式，後者相對地更具永續

性，在整個歷史過程中都與自然緊密互動。如今大部分地區所經歷的重大變動，其實都開始於最近期，與所謂的**大加速**（Great Acceleration）息息相關。

遭到大量開發的原野土地

大加速是一段大致始於1950年代的急劇變遷期。從這段時期起，幾乎所有可以用來量測人類活動的基準，諸如人口成長、溫室氣體排放、食物生產、污染、水資源利用及其他等等，都急劇增加了。[1]許多土地在近代被變更爲農作、畜牧用地，或開發成大型栽培園，目的就是爲了滿足世界人口的需要；每個人的平均需求不僅一直在增加，標準也不斷提高，儘管這在不同社會之間有著巨大差異。

在南美洲，近幾十年來的伐林面積中，有高達70%以上是爲了飼養肉牛，還有14%是爲了種植飼料與其他經濟作物。大豆生長快速且富含蛋白質，使它成爲世界各地生產低成本牛肉、豬肉與禽肉之經濟動物的最佳飼料來源。但農牧業消耗的淡水量是所有人類活動之最，僅僅是畜牧用水就占了近三分之一，而且單一作物栽培需要噴灑大量農藥，同時，農藥污染毒害環境的劇烈程度，遠超過了環境所能承受的。在種植大豆的廣大田野中，幾乎沒有其他物種能存活。

在東南亞和熱帶非洲，促使森林被砍伐的原因則是油棕栽培業。一如大豆，油棕長得既快，價格又便宜，市場對它的需

求急劇增加，你在超市裡看得到的所有產品中，幾乎都找得到它（經常假藉「植物性油脂」這個有點語意不清的名號）：乳瑪琳、巧克力、餅乾、冰淇淋、麵條、洗髮精、清潔劑、唇膏……這份名單很長，它們全都含有從油棕取出的棕櫚油。

在海洋世界裡，類似的劇烈變化也發生在海床上，那裡有些地方的動物群，已經因為人類密集的拖網作業、深海採礦及其他形式的物理性、化學性傷害，幾乎被摧毀殆盡。這是某種類型的「無聲暴力」，相較於砍伐森林或其他發生在陸地上的變化，它不會被廣大群眾及政府當局注意到，調查和救援的難度也高出許多，因為前者在現今至少可以透過衛星和其他遙測技術，進行近乎即時的監控。

如果物種的棲息地不見了，生物多樣性就會消失，這一點很容易理解，尤其對那些分布在極小範圍或非常特定之棲息地上的物種而言，例如馬達加斯加島的狐猴（牠們已經演化出許多不同物種，有些棲息地甚至僅侷限在某個山谷中）或中國的熊貓（在尚未因人類活動而數量大減之前，牠們的分布範圍要廣得多）。

在脊椎動物裡，至今已知的最驚人案例就是魔鬼洞鱂魚（Devils Hole pupfish）。這種藍色的魚平均身長不到三公分，分布**範圍**（range）只在一個長二十二公尺、寬三‧五公尺的石灰岩洞池裡。1960年代及1970年代，當地農民開始抽取地下水來灌溉農作，導致岩洞裡的水位下降，更加縮減了牠們的棲息空間。到了2006年，這種鱂魚在自然界僅剩三十八隻。

雖然在那之後，魔鬼洞鱂魚的數量又有增長，牠們依然是一種嚴重瀕危的物種。而且，因為其所在地在美國內華達州南部，附近是死谷國家公園的一部分，有著非常毒辣的高溫（2018年，我待在那裡時，氣溫高達50℃），所以這種魚實在也沒有其他去處。

　　有時，棲息地流失的效應，即使相隔甚遠都感覺得到。我記得自己在1990年代晚期剛移居歐洲時，每次在鄉下開車，尤其在泥路上，都會有這樣的經歷，相信很多人也有印象，那就是昆蟲撞死在擋風玻璃上，而且數量多到讓我們得啟動雨刷來清除。不過才幾年的時間，這種現象幾乎消失了；我的第一個孩子在2004年出生，他就從未有過這種經歷。

　　2017年，有研究學者記錄到昆蟲的生物量（捕蟲陷阱所量測到的總重量）僅僅在二十七年間，就減少了四分之三以上，物種數則是十年就減少了三分之一以上。令人意外的是，這些減損現象都是在現有保護區裡測量的，而設置保護區的原意明明是要保護當地的生物多樣性。儘管造成這些減損的明確原因仍存在爭議，但很多人相信這可以從跨越廣大地表的棲息環境惡化來解釋，過去，昆蟲與其他生物還能在這些地區的上空自由移動。昆蟲數量的驟減，已經在鳥類、蝙蝠、蜻蜓等這類以牠們為主食的動物身上，產生了連鎖效應。

　　與棲息地流失有關的另一個面向，源自我們在第一章（圖4，見P.52）提過的物種與面積的關係。如我們所見，一地的面積愈大，隨著時間就會累積更多物種，因為它提供更多機會

讓新物種形成，也讓來自他處的物種更容易在這些棲息地**定殖**（colonisation）。遺憾的是，反過來的情況也符合這種邏輯：假如某棲息地的面積縮減，它所能容納的物種也將無可避免地愈來愈少。

所以，現今許多破碎化的森林，都是一個過去曾經大得多的生態系統殘餘代表，可能含有很高但程度未明的**滅絕債務**（extinction debt），這意謂著目前在此範圍裡的物種數，比它未來長期所能供養的還要多。這是目前科學家正在積極研究的領域，也存在許多問題，但至今所匯集的發現卻相當驚人。我們不太清楚那些破碎林地裡的物種在多久之後會滅絕，但那經常是低基因多樣性、食物不足或更高疾疫風險的必然結果。

棲息地流失不僅影響到熱帶雨林這類眾所皆知的生態系統之物種多樣性，也影響生態系統多樣性本身。對於某些長期被許多人視為毫無價值，或只是為農作物或其他用途「擋路」的生態系統，好比濕地或草原，這種衝擊更是大得不成比例。以亞洲為例，自1945年以來已經失去三分之二的天然濕地，若從1900年算起，損失量更高達84%。

馬達加斯加島面臨的困境

來自馬達加斯加島的塞德里克・索羅方德拉諾哈特拉（Cédrique Solofondranohatra）是一位訓練有素的學者，根據她與邱園及其他合作夥伴共同研究的結果，顯示了馬達加斯加島

上許多長久以來被認爲是「人爲」的草原，事實上既天然又古老，這反映了我們過去在非洲大陸與澳洲的錯誤觀念。

他們所掌握的線索，包括那些草原上極爲多樣的馬達加斯加島特有種，還有這些草的**形態學**（morphology）特徵與種群，都清楚顯現出它們已經演化到適應野火及對抗草食動物的事實。以上這些特徵，都不可能在人類出現後的相對短的時間內演變出來。

雖然許多本土種的草食動物已不復存在，例如，因人類獵捕而完全滅絕的馬達加斯加河馬、象鳥和大型狐猴，但那些被引進島上的牛（屬於一種肩峰牛）替這些地區保持了草原開放的景觀。這一點很重要，因爲早期的拓殖者或甚至保育人士，想當然爾地認爲雨林應該遍布馬達加斯加島內的大部分地區，而不是像今天那樣只侷限分布在東部與東北部海岸。但這些人的假設所依據的是偏頗的自然觀點，而這種觀點產生於缺乏野火自然機制的歐洲大陸森林。

由於長期隔絕於國際學術界，對草原生態系統缺乏了解與不重視的這種現象，在馬達加斯加島由來已久；再加上外界對其自然環境的豐富與多樣，也了解得很有限，導致這裡的草原生態正面對著嚴重的威脅。不只是草原，就連最具指標性的雨林，甚至是島上的每一種生態系統，都有著同樣的遭遇。

富裕國家的人經常把馬達加斯加島獨特的生物多樣性，看作某種需要「拯救」的東西，然而，對千百萬個馬達加斯加島人來說，生態環境惡化與本土生物多樣性喪失，更意謂著他們

從自然界得到滿足最基本生存的能力，像是烹煮、取暖和蓋房子所需的木材，以及潔淨的水、食物與藥物，正在穩定衰退中。因此，一個國家的保育工作若想成功，就必須處理生物多樣性喪失的根本原因，包括貧窮與食物短缺。

棲息地流失除了對生物多樣性造成立即性的衝擊，也會影響地方及區域氣候，而且透過釋放大量二氧化碳到大氣中，也助長了影響所有人的全球暖化。保護馬達加斯加島剩餘的生物多樣性，並對退化的生態系統進行復育，不管對人或對自然，都具有產生正面效果的潛力。

我們也在馬達加斯加島看到了導致生物多樣性喪失的次要原因，即個別物種的開發利用，所造成的某些驚人效應。

註釋 ────

1. 原書註：根據最新資料，其中幾個趨勢在過去幾年似乎有緩和的跡象，新冠肺炎的疫情可能也進一步促成了這種現象。不過，氣候變遷還是在繼續加速中，某些地區的人口也依然在快速成長，例如非洲。

Chapter 10

開發與利用
不必要的濫捕與非法交易

　　全球各地生態環境的普遍惡化，包括砍伐及燒毀亞馬遜雨林來飼養牛隻和種植大豆，再加上獵殺或開發來利用動、植物資源，正迫使許多物種處於瀕危狀態。舉例來說，對野生動物肉品不斷增加的需求，直接影響到非洲某些極為珍稀的靈長類動物；同樣地，馬達加斯加島上的紅木也正瀕臨絕種，而它們是被砍來製作富裕國家想購買的家具。在海洋裡，每年被捕撈的魚則高達三兆尾，這使得「非永續性的物種利用」成為海洋領域中致使生物多樣性喪失的最大殺手。

　　有時候，捕食野生動物，或許是正在挨餓的家庭從極端困頓中存活下來的最立即且唯一的方法。我在世界各地從事研究的過程中，遇過許多沒有其他收入來源的獵人，他們確實別無選擇。然而，也有愈來愈多獵人純粹是以殺戮為樂的觀光客，這讓整件事變得毫無必要且站不住腳。

　　此外，也有不少瀕危物種的器官，被誤信具有春藥或醫療效果，就像犀牛角與非洲塞席爾的海椰子。為寵物市場捕捉野

生動物，則是另一類例子，也已經演變成一種逐漸增強的重要威脅。任職於中國西雙版納熱帶植物園的胡麗詩（Alice Hughes），是一位著作極為豐富的研究員，根據她與同事的估算，有將近四千種爬行動物（超過此類已知物種的三分之一），目前可見於市場買賣，當中有90%是捕獲自野外，四分之三並不適用國際法規，包括許多面臨威脅或分布範圍有限的物種，尤其在亞洲。

　　許多被開發利用的物種皆具備的一大問題是：它們很罕見，無論是天生如此或是得歸咎於人類的行動。蘭花就是很好的例子，當地人隨興摘採，商人針對性地搜刮，都對這種植物的數量和生存造成相當具體的負面衝擊。

　　我在博士班受訓時期，曾經參加過一次地中海克里特島的植物旅遊。在我們翻越那些石灰岩山脈的健行路途中，我看到一株開著白花、約莫二十公分高的植物，就生長在離主要步道只有幾公尺遠的位置。我只知道那是蘭花，但不清楚它是哪個品種。當我指著它，詢問老師——希臘植物專家阿恩·史崔德（Arne Strid）時，他立刻知道那是頭蕊蘭屬（亦稱金蘭屬）裡的 *Cephalanthera cucullata*（圖16，見P.127），全世界最稀有的蘭花之一。他說，多年前自己也曾經在這裡看過它，就在同一個地點！然而，在那之後，儘管植物學家尋尋覓覓，卻只記錄到這種蘭花的少數幾株個體。所以，如果我把它挖起來當成紀念品帶走，很可能就毀掉了整個族群的最後一株個體和它的基因多樣性，甚至還導致這個物種滅絕。

圖16：希臘克里特島上的稀有蘭花*Cephalanthera cucullata*。這是近萬種因人類直接利用（經常還結合其他因素），而被記載為生存備受威脅的植物種之一。

瀕危物種在黑市的價格通常很高，販售這類物種的人有個共通手法，就是移花接木，在所有必要文件上填寫另一個物種的名字。有一次，我前往多明尼加共和國的某政府單位領取研究許可證，以便出發進行田野調查。在等候領證時，我看到兩個被警察護送的男人，他們把一個大紙箱放在我身後的地板上。我朝那裡面瞄了一眼，看到十幾隻鸚鵡幼鳥，而牠們的羽色花紋全都屬於該國伊斯帕尼奧拉島（Hispaniola）的本土瀕危物種。

然而，那名警官告訴我，這兩人堅稱那是一種常見的鳥，並不在限制買賣的規定之內。他問我對這種鳥的看法，雖然我不是鳥類專家，但背包裡總是帶著一本鳥類圖鑑，所以要確認對方的懷疑，其實再簡單不過。

判定木材的來源是否合法

不管是不是故意，像多明尼加鸚鵡那樣的物種「身分誤置」，對監管單位來說是一種巨大的挑戰，因為他們通常缺乏足夠的專業知識或工具，去查證這些交易物種的確實身分及來歷。其中，最大的挑戰或許就是原木，也就是我們用來製作家具、建材、地板、樂器、柴薪、紙張與好幾種重要產品的木材。這個產業總共雇用了五千多萬人，每年製造六千多億美元的產值，需求量預計在本世紀中之前翻四倍，而這門生意裡涵蓋了紅木和桃花心木這類非常流行的原木。但我們要怎樣分辨

那是不是瀕危物種呢？又要怎樣區別某種受威脅樹種的原木，是來自永續栽培的林地，還是採伐自野外？

為了應付這些關鍵的難題，我在邱園的同事彼得・加森（Peter Gasson）及維克多・德克勒克（Victor Deklerck），與一個由其他研究夥伴所組成的團隊網絡[1]合作，根據木材的樹種與地理來源分類（圖17，見P.130），共同建立了世界最大的木材樣本收藏庫之一。他們現在正利用一系列科技，來辨識未知的樣本。為了識別樹種，他們截取木材薄片，並在顯微鏡底下檢視它們。透過分析不同形態木材細胞的整體外觀、數量與排列方式，把這些木片結構拿來與收藏資料庫中已知物種的參考樣本進行比對，就能找出與未知樣本互相吻合者。應用影像辨識演算法這種強大的人工智慧，可以加速並改善整個過程。

至於目前還在探討中的其他可能辦法，是比較未知木材樣本與參考樣本的基本化學特性，以及測定未知樣本的DNA序列，然後與過去發表過的參考序列進行比對。

例如，另一位同事威廉・貝克（William Baker）就一直在利用DNA的技術，替IKEA辨識許多家具上的藤材植物種，這是確保它們來自永續環境的第一步。藤是省藤族裡好幾百種植物的總稱，在東南亞地區特別多樣；與大部分提供木材的樹種不同，藤始終採收自野外，而非人工栽培，因此，不使用受威脅物種這一點非常重要。

一旦我們確認了木材的樹種，就會想知道它來自何處，而這一點可以透過檢測木材樣本的化學簽名來進行。所謂的化學

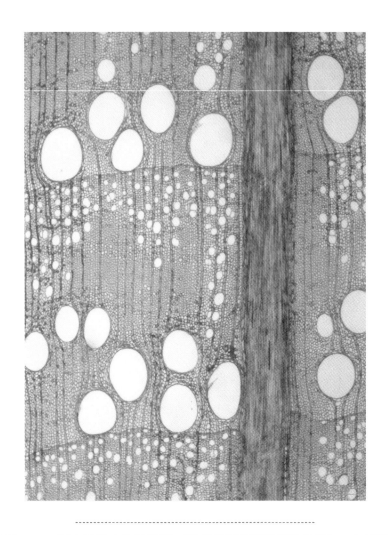

圖17：**一種木材樣本的橫截面（這是俗稱歐洲橡樹的夏櫟）**。木材裡的導管與其他構造在形狀、排列與尺寸上的高度歧異，結合現代的化學分析技術，使科學家與相關部門得以鑑定出家具或樂器這些木製品，是來自何種樹種及地理環境。而事實證明，有相當高比例的國際木材交易是非法的。

簽名，是指木材裡各種同位素（個別化學元素的變種）的分配組合，因為其組合會依這棵樹的生長地點而定，影響因素包括了降雨、氣溫、地形與地質條件。儘管在至少一組完整的參考樣本出現之前，我們不見得都能找出樣本的確切來源地或身分，但其檢測結果大多足以用來查證那些申報文件上的聲明。因此，這種技術也讓相關單位愈來愈能在邊界揪出非法貨品。

我們希望透過切斷供應線，至少先削減對非法濫伐的需求。只是，這項工作至今顯示的結果令人憂心：根據資料，國際市場交易中非法木材所占的比例，可能高達40%以上！這也是在全球估計一共七萬三千種樹種中，大約有三分之一正飽受滅絕威脅的主要原因。

因人類經濟活動而滅絕的動物

直接開發利用物種資源，除了明顯降低物種多樣性，也會造成基因與功能多樣性的重大損失。因為我們鎖定的目標，經常是自然界裡對我們最具有價值的「那個」個體，而不是「隨便哪個」都好。

戰利品式的狩獵就是一個典型的例子，在那當中，人類或許已經對達爾文最初闡述的「自然」天擇所促成的演化，產生了反作用力。透過殺掉最教人敬畏讚歎的生物，好比一隻鹿角大得不可思議的公鹿，我們已經不斷在剝奪那些身懷卓越基因的個體傳宗接代的機會，留下平凡的個體和退化的基因庫。

各個不同區域與時代所產生的程度不一的獵捕行為，經常關係到殖民歷史與全球貿易，而這些行為已經導致某些物種失去了所有族群，與它們內在固有的多樣性。

1533年，一艘葡萄牙船在南非外海失去了蹤影。將近五百年之後，它在一項海底採礦計畫中被發現，而且狀態完好得教人驚訝。人們在這艘船上不僅找到成堆的金幣和銀幣，還發現了一百多根象牙，這是至今所發現的非洲象牙中，數量最龐大的一批貨。

研究人員分析了這些象牙的DNA與穩定同位素，判斷它們是來自西非的森林象，而且許多屬於實際上已不再存在的族群。這個區域在歷史上曾經是象牙與奴隸貿易中心，加上近代人口快速增長帶來的競爭壓力，農地擴張、自然資源開發與內部動亂所造成的自然棲息地被蠶食，都是導致森林象消失的原因。由於大象在生態系統中扮演著要角（第七章提過，牠們打開森林的樹冠，使更多陽光照射到地面），失去那些大象族群，就意謂著那個地區的這些重要功能消失了，而非洲大象的整體基因多樣性，也因此大幅縮減。

功能多樣性喪失是人類活動的後果，這一點或許在與世隔絕的島嶼上最能顯現。人類每次登陸一個新的島嶼，就會遇到許多從未見過掠奪者的「純真」動物。1638年，當荷蘭的殖民者在模里西斯島剛定居下來時，島上還到處可見巨大的陸龜。然而，牠們很快就被荷蘭人大量宰殺，用來當作人類與豬隻的食物，也被用來提煉油脂，於是這個物種大約在1700年

以前，就已經在島上滅絕了。

同樣地，由於大部分的島嶼原本就缺乏大型掠食者，而飛行這件事又非常耗費體力，許多島嶼的鳥種最後也都失去了飛行能力，而這讓捕捉牠們變得非常容易。在一項由西班牙學者費蘭・薩尤（Ferran Sayol）所主持的研究中，我們估計在過去幾千年滅絕的鳥類至少有五百八十一種，其中有很高的比例就是島嶼特有種。過去，住在這些島嶼上的人類老祖先，往往無視於雀形目這類小巧靈活、身手很快的鳴禽，而是針對那些體型肥大肉多的鳥類趕盡殺絕，讓牠們最後一隻也不剩，像是紐西蘭的幾種大型恐鳥（Moa）和馬達加斯加的象鳥。

不過，史上曾經存在過、最有分量的鳩鴿科鳥類，也就是模里西斯島上最具代表性的多多鳥（又稱渡渡鳥；Mauritius Dodo），據說肉質令人難以下嚥，可惜牠們還是沒辦法從人類帶進來的家貓、老鼠和豬的「手中」倖存下來。

在某些情況下，例如在斯堪地那維亞北部的北極狐或珊瑚礁海域裡的鯊魚這類例子，雖然人類還不至於讓某物種的所有個體滅絕，但留下來的倖存者寥寥可數，以致牠們在面對地球漸趨暖化且不穩定的氣候這個重大威脅時，變得特別脆弱。

註釋 ————

1. 原書註：更多訊息可見 https://worldforestid.org

Chapter 11

氣候變遷
適應或遷移並非易事

　　氣候變遷是目前社會所面對的最大挑戰之一。它影響全球的糧食生產、水資源可得性與我們的健康，也導致海平面上升，這是時間一久就可能會迫使幾億人口遷離海岸地區的大事。不過，如果說到氣候變遷對生物多樣性的威脅，在程度上其實只排名第三，在棲息地流失與直接開發物種資源之後。然而，這並不代表氣候變遷不重要——它當然重要。有鑑於現今已經有這麼多自然生態系統被摧毀，許多物種的族群數量也大幅削減，在接下來的幾十年內，氣候變遷可能會逐漸威脅這些剩餘的物種。

　　很多人會把「氣候變遷」和「全球各地氣溫穩定上升」劃上等號，這的確是它最顯著的效應之一，你只要回想一下兒時的夏天與多天跟現在的差異有多大，就會明白這一點。

　　然而，氣候變遷可不僅止於此，它也涉及我們在全世界看到的雨量顯著變化，例如，澳洲和地中海這些地區變得愈來愈乾燥，有些地區（特別是赤道兩側）則變得更潮濕。如果有人

曾經對造成這些變化的原因存疑，現在應該也都釋疑了：不容否認地，原因就是透過二氧化碳、甲烷與一氧化二氮等這些溫室氣體的排放，而這些氣體來自各式各樣的人類活動，尤其是電力與熱能、農牧業、交通運輸、林業與製造業的產品。

大部分物種的氣候容忍度都很有限，而且在小幅度的氣溫變動範圍內，會生長得最好。人類也不例外，研究顯示，辦公室最理想的環境溫度是22℃；若增加幾度，我們進行複雜決策的能力就會變差；若降低幾度，生產力則會下降。儘管這些計算是以體重七十公斤的男性為基準（女性通常喜歡再提高幾度），但是適用在任何地區的人類身上。難怪幾千年來，在地表所有氣候區域所組成的大集合裡，人類總是只住在其中一個小子集內。

或許我們主要居住在地表年平均溫度介於8℃到28℃的地區，但更偏好年均溫13℃度上下，像是現今的北京、米蘭、威靈頓或紐約市這些地方。儘管要建立起因果關係並不容易，其他相關的因子可能還包括農業潛力或避開熱帶疾疫等，人類與氣候之間有多麼緊密關聯，依舊非常值得注意。

應對全球暖化的兩條路

當氣候持續變遷，無法在新條件下生存的物種有兩條路可走：讓自己適應新條件，或是遷移到環境較適宜的新地點。如果兩者都做不到，下場就是滅絕。有些物種或種群確實表現出

快速調適的跡象，甚至從變暖的氣候中獲益，就像我在瑪瑙斯市國立亞馬遜研究院（INPA）的巴西同事費南多‧韋爾內克（Fernanda Werneck）所研究的某些蜥蜴。

但不幸的是，包括人類在內的大部分物種，都是苦於生理上的適應。我所進行的許多研究，都是在了解物種如何反應過去全球增溫的效應，不過在那些案例中，變遷所需的時間都遠比我們現今所看到的還要漫長。事實上，根據估計，今天的物種或許必須用比過去快一萬倍的速度來調適自己，對許多物種而言（但這個「許多」是多少，仍是科學上的爭論議題），這根本是不可能的事。

因此，遷移至他處，是面臨氣候變遷威脅之物種最大的希望。只是現今牠們要從A點移動到B點是件大工程，不再像過去那麼容易，因為人類已經讓地表大部分的生態系統變得支離破碎，添加了無數限制動物自由移動的障礙，包括城市、道路和農田。有鑑於此，一些國家興建了橫跨大馬路的森林天橋，為野生動物移動時提供安全通道；有些保育人士更親自用雙手，來幫助某些指標性物種（主要是哺乳類與兩棲類）抵達新的區域。只是大部分的物種，根本得不到那樣尊貴的待遇。

不過，全世界的山地給了我們一線希望。由於山地比較崎嶇的地形對耕種及伐木都構成挑戰，因此長期被人類忽略，比起地勢平坦、容易墾殖的地區，它們的生態系統有很大程度被保存下來，這是個好消息，原因有二。

首先，山地的物種原本就很多樣，雖然其面積只占全球陸

地面積的八分之一，但由於它們把許多不同的自然棲息地垂直集中於一處，使得這裡成為大約三分之一陸生物種的家；再者，生活在山地的物種，為了找到理想的居住溫度而需移動的距離要短得多，例如只要往上山的方向多跳幾下；相較之下，住在平原地區的物種可能得移動數百公里（通常是前往與赤道相反的方向），才能找到與其過去習慣的氣候相似的地方。

在安地斯山脈，自從亞歷山大・馮・洪保德於兩百多年前爬過那裡的山以來，已經有許多植物種成功地往上移動了數百公尺，以追尋它們理想的氣候區與植物帶。

但壞消息是，並非所有物種都能以跟氣溫上升一樣快的速度，往山上移動，即使它們辦得到，現實中總是存在著「山頂」這個最終的極限。儘管針對這個區域，我們缺乏可靠的歷史紀錄，能取得的科學證據有限，但情況似乎顯示，許多山地物種在速度上確實落後了。還有一點讓情況變得更複雜，許多在生態上關係緊密的物種，例如植物與其特定的授粉者，必須一起遷徙。

所以，高山地區為目前較低海拔的物種，提供了未來的庇護所，但順著坡面從低海拔到高海拔保留生物通行走廊，以增加物種長期存活及自由移動的機率，也至關重要。這在許多地區都行得通，但並非到處適用，例如在地勢大多平坦、最高峰有海拔二千二百二十八公尺高的澳洲。

將低地自然棲息地的生物走廊串連起來，使物種得以交換基因並保有適當的族群規模，對增進物種長期存活率也同等重

要，但此舉可能無法在適應氣候變遷方面，發揮像山地生物走廊那樣的緩衝作用。

目前已經生活在氣候最極端地帶的極區生物，是最脆弱的物種之一，因為牠們在自己的棲息地融解消失時，經常無處可去。在這裡，不管是北極熊、北極狐、海象、獨角鯨，或是其他陸上、海中的許多動物，都與冰雪有非常密切的關係。

2000 年代初期，我前往斯堪地那維亞北部山區進行田野調查時，曾經替同事烏爾夫・莫勞（Ulf Molau）和一些人捕捉旅鼠，這是一種體型小巧、極為可愛的齧齒動物，在特定年份的數量會大增；捕捉旅鼠的目的，是為了評估氣候變遷如何影響牠們的體重與懷孕胎數。

即使在當時，我們都已經看到旅鼠在生存上所遭遇的重大變化。愈來愈溫暖的冬天帶來更多降雨量，這會讓雪快速融解後又快速凍結，形成一層堅硬的冰障礙，使得這些小東西無法突破，因而活活餓死。就連體型大得多的馴鹿，在那裡都得面臨類似的問題，牠們構不到生長在冰層底下的地衣，而這是馴鹿冬季期間的主要食物。

惡劣的海洋環境

有些生態系統對氣候變遷特別敏感，珊瑚礁（圖 18，見 P.139）便是最極端且最令人擔憂的例子之一。由於它們對溫度非常敏感，目前正值危急存亡之際。因為當海水溫度上升

時，珊瑚會排出體內的共生藻，使得珊瑚曝露出自己的碳酸鈣表層，於是完全變白，也就是我們所說的「白化」現象。由於這種共生藻攸關珊瑚的存亡，如果這種壓力條件持續下去，不管是珊瑚或海藻都有可能集體死亡。

我們希望能這麼想：「只是0.5℃的氣溫差異，不會造成多大的變化。」但這一點背離事實非常遙遠。假如全球暖化確實

圖18：**一個健康的珊瑚礁海域**。這些令人著迷且生物豐富多樣的生態系統，是由彼此關係密切的物種所組成。它們已經存在數千萬年，而人類活動所造成的氣候變遷，正對它們的生存造成嚴重威脅；除非採取嚴厲的措施，否則這個生態系統預計將發生全面性的崩潰。

一如巴黎協定所設定的目標，在本世紀維持最大增幅不超過1.5℃，預計全世界的淺水珊瑚礁也只有10%到30%能存活下來。這樣的前景看起來已經很糟了，但不幸的是，這算是預測中最好的情況。如果暖化的增幅達到2℃，根據目前趨勢所做出的預測，大多指向可存活的珊瑚礁連1%都不到。

有鑑於這些生態系統歷經幾千萬年演化而形成的極端豐富多樣性，以及在今天還讓全世界五億多人口透過各種方式受益無窮，包括提供漁業、觀光業、海岸保護、醫藥及其他活動的資源等等，我們所要面對的將是一個慘澹無比的未來。

此外，二氧化碳排放還關係到另一種威脅：**海洋酸化**（ocean acidification）。在人類活動每年釋放的四百億公噸二氧化碳中，至少有四分之一會被海洋吸收。除此之外，還有從大氣中吸收熱氣，都是海洋提供給我們的服務；海洋非常了不起，卻經常被低估。

海洋協助緩和了人類在這個星球上所造成的巨大損害，但這樣做的代價卻很高，因為所有的碳促使海水酸度明顯上升。全球海水的平均酸度，自1850年來已經上升超過30%，在本世紀末之前可能還會遽翻三倍。

我的法國同事山姆・杜彭（Sam Dupont）及其他人的研究都顯示，目前海洋裡已經有許多生物對酸度出現敏感反應，包括那些骨骼或外殼含有碳酸鈣成分的物種，像是海星、陽隧足、蚌類、牡蠣或海膽。對海洋生物來說，維持身體酸度的標準值極為重要，而海洋酸化意謂著牠們得格外費力來維持這個

正常指數，將有礙其生長，使其變得脆弱甚至導致死亡。這種影響不僅使許多不可思議的海洋物種消失了，對整個複雜的海洋食物網也產生重大的連鎖效應。

遭破壞的物候關係

有時候，氣候變遷對物種的衝擊既快速又顯著。一個典型的例子，是全球暖化正在改變物種的**物候**（phenology）關係。所謂物候關係就是季節性事件發生的時序，諸如植物何時開花、結果、落葉；某些鳥何時遷徙；青蛙和蟾蜍何時在水裡下蛋；魚在何時開始產卵，以及自然界其他週期循環的現象。

在少數情況下，物候關係其實並非取決於氣候，例如燕麥、稻米或大豆的花期，是受到反映晝夜長短比例的光線接受器所控制；不過，對大部分物種來說，物候關係確實多半受到氣候調控。

歷史文獻紀錄是無價的，有時它們甚至記載了所觀察到的特定物候現象是否「正常」。而正是這一點激發了日本學者青野靖之的研究動機，他遍搜歷史上由天皇、官員及僧侶所撰寫的文獻，裡面詳細記錄了京都的櫻花何時會開，這是日本每年的文化大事。根據最早可回溯至西元812年的花期資料顯示，人們在2021年所見證的滿開日期是3月26日，為有史以來最早的一次。

然而，比平常更早開花的植物，可能會錯過它們的授粉

者，譬如有些昆蟲此時尚在幼蟲階段或還未破蛹而出。反之，當這些昆蟲終於出現時，牠們所偏好的花可能早已凋謝，於是牠們會因為無法得到足夠的食物而死去。其他類似這樣的非同步現象，可能導致植物的種子無法傳播，或是昆蟲太早產卵，變得更容易受低溫或乾季的影響。

頻繁的極端天氣事件

持續暖化的氣候是一種挑戰，但極端天氣事件則完全是另一回事，它們能在一夜之間摧毀整個生態系統。我們在世界各地看到愈來愈頻繁且劇烈的熱浪、乾旱、野火、洪水與颶風，而澳洲的例子最讓人怵目驚心，因為那些極端事件就發生在我們眼前。

在2016年和2017年，熱浪席捲整個澳洲，使得大堡礁嚴重白化，大約有一半的珊瑚礁死亡。2019年，澳洲全國各地有超過一千零六十萬公頃的土地遭到野火波及；根據澳洲學者克里斯・迪克曼（Chris Dickman）及其同事估計，總共有二十五億隻爬行動物與一億四千三百萬隻哺乳動物，不幸葬身在這一連串的野火中。

儘管澳洲的陸上**生物相**（biota）中，有許多物種跟尤加利樹一樣，是在具有經常性野火的環境下演化的，但2019年的極端氣溫助長了火勢，使大火擴及過去從未遭受火吻的地區。我們在邱園收藏了將近九千種澳洲植物的種子，得以提供某些

材料來協助我們的夥伴進行復育，然而，這是既漫長又艱鉅的工作，也無法完全彌補在那場悲劇中損失的生物多樣性。

生物多樣性喪失與氣候變遷，是兩個關係密不可分的全球性挑戰。當生態系統被破壞而退化時，碳會被釋放，降雨型態也會被擾亂；當氣候產生變化時，物種的多樣性與分布、生態系統的健康狀態，也都會跟著受到影響。想要打破這種惡性循環，就得同時處理這兩種危機。我們必須盡己所能，傾全力遏止並緩和氣候變遷，也必須為人類和自然界找到更快適應那些不可逆變化的方法。

不過，棲息地流失、物種資源濫用和氣候變遷好像還不夠糟，它們對生物多樣性所造成的衝擊，還伴隨著好幾種威脅，而且這些威脅還會反過來增強這些衝擊。這些威脅是什麼，就是接下來我所要說明的內容。

Chapter 12

其他隱憂與危險
所有事件都在相互作用中

入侵物種帶來的破壞

除了前面幾章所述，還有其他幾個因素也會對這個隱藏的宇宙帶來顯著衝擊，造成生物多樣性喪失，其中之一便是**入侵物種**（invasive species）的威脅。

智利的北美河狸

幾年前，我在智利的納瓦里諾島（Navarino）替當地保育人士捕捉北美河狸；這個小島是世界最南端有人居住的島，島上充滿了不可思議的大自然之美。北美河狸則是當地人在1946年為了發展毛皮生意而引進的動物，但牠們很快地繁殖擴散到火地島（Tierra del Fuego）周圍的島嶼。

河狸是**生態系統工程師**（ecosystem engineers），也就是有能力顯著改造自身環境的物種，牠們到處修建壩堤和洞穴，改

變了溪流水文與營養循環，讓大片連續的南山毛櫸森林，變成了以禾本科及燈心草科植物爲主的草原（圖19，見P.146）。

那些壩堤後方水流較慢的水域環境，又進一步得到了鼬鼠和麝鼠這兩種入侵物種的青睞，尤其鼬鼠嗜吃當地的鵝、小型齧齒動物及其他本土野生動物。於是，引發了一種被研究者描述爲「侵入瓦解作用」的效應，指單一入侵物種放大了其他入侵物種的影響，引起重大的環境衝擊。例如，島上原本物種豐富的自然棲息地退化，本土物種族群數量減少，還有營養循環、溪流與土壤經歷破壞性變動。

這也是爲什麼當地的保育夥伴，得訴諸撲殺這樣激烈的手段——河狸本身是可愛的動物啊！其目的就是想恢復當地原有的生物多樣性與生態系統。

瑞典的日本牡蠣

入侵物種所造成的衝擊，有時候可以來得很快。我和太太相識於宏都拉斯的一所潛水學校，自1999年我們搬到瑞典以來，前往這個國家很受歡迎的西海岸浮潛，一直是我們最愛的夏季休閒活動之一。我很快就熟悉當地的物種，而且非常享受探索當地淺水海域生態的多樣性。

但是在2007年的夏天，一切突然改變了。那裡的許多小島多半都是岩礁海岸，過去總是布滿各式各樣的藻類、甲殼與軟體動物群落，現在卻密密麻麻地長了一種我從未見過的大牡蠣。我拍下照片，很快就找出那是一種日本牡蠣，原生於亞洲

圖19：在世界最南的有人島（納瓦里諾島）工作中的河狸。這種北美外來物種的引進，導致當地脆弱的自然生態嚴重惡化。

的太平洋海岸，已經被廣泛引進世界各地做爲食品。

問題就出在這是一種特別具侵略性的物種，牠比紫殼菜蛤
（blue mussel）等瑞典的本土生物更具競爭力，而且從不給其
他對手留下多少餘地。這個物種到底是怎麼來到這裡，依舊成
謎。牠或許是隨著洋流，從歐洲其他已成功落腳的地區來到這
裡，但也可能是跟著大船的壓艙水一起被夾帶進來，很多海洋
生物都是透過這種途徑入侵。

有趣的是，瑞典曾經在1970年代嘗試在這個地區養殖同
一種牡蠣，只是當時的海水溫度較低，使得這個物種無法繁殖
成功。這顯示出氣候變遷如何促使更多入侵物種擴張到全世
界，也說明了導致生物多樣性喪失的不同成因，彼此如何相互
作用。

塑膠、化學物、照明、噪音的污染

同樣在海洋裡，我們看到人類陸上活動的某些最大效應，
如何成爲危害物種的另一種大災難：污染，包括垃圾污染與化
學污染。

塑膠污染

在所有類型的垃圾中，很少有其他能跟塑膠的持久性及危
害性相提並論，而且它是海洋中最普遍的垃圾形式。歷史上最
早的合成塑膠製造於1907年，並且在二次大戰結束後開始眞

正大量生產。現今，全世界平均每年每人的塑膠生產量高達五十公斤，而且99%是由石油與天然氣製成。

其中，包裝材料大約占了塑膠製品總量的一半，也是最常被辨識的垃圾類型之一。不管它們是塑膠袋、塑膠瓶、瓶蓋或食品包裝，最後大多會來到小溪與大河，進入世界各地的海洋，然後被海龜、鯨魚與其他動物誤食。根據估計，到2050年前，應該會有99%的海鳥曾經誤食過塑膠垃圾，甚至有許多因此死於非命。

目前，所有塑膠製品的回收率連10%都不到，這意謂著它們絕大部分從未再被利用，只有一小部分會在我們的**技術領域**（technosphere）裡被繼續利用；所謂的技術領域是指人類打造的部分，包含機械、街道、鐵路與建築物等所有人造技術產品。總之，還有太多塑膠垃圾是留在垃圾掩埋場或廣大的環境中，需要幾百年的時間才能分解。

那些被棄置在環境中的塑膠，會逐漸崩解成愈來愈小的碎塊，也就是**塑膠微粒**（microplastics）與奈米級塑膠微粒（nanoplastics），進而在水中被許多浮游生物攝入，並逐漸往食物鏈上層移動，進入蝦、蟹、魚類、鳥類，然後到哺乳類等動物，如海豹、熊與人類的體內。

我們只知道它在動物體內會破壞細胞，引起發炎與免疫反應，但它對人類與其他物種是否還會有哪些潛在的負面影響，我們仍然所知甚少。

化學污染

　　化學污染對野生動物也具有同等的破壞力。這包括人類迄今生產過的三十五萬多種人造化學品與化學混合物，還有每小時都有四十多種新的化學製品正在合成，而其中有許多在之後會變成貨架上的商品，然後繼續「邁向」它們通往環境的路。

　　這些化學製品不僅在生產與利用的形式上包羅萬象，它們幾乎無所不在，包括了亞馬遜地區開採金礦時外洩的有毒水銀、燃煤時釋放到空氣中並導致酸雨的二氧化硫，以及汽車、飛機等交通工具行駛時排放的一氧化氮。

　　在水文環境中，由農業肥料向外滲流且含有氮磷這類成分的營養物質，助長了藍綠菌（*Cyanobacteria*，又稱藍綠藻）的生長，而這種菌類會毒害許多動物，並透過阻礙陽光射入水域或在水體底部形成缺氧死亡區，抑制許多水生植物的生長。在此同時，避孕藥所含的合成荷爾蒙，也從馬桶裡被沖走，最後進入湖泊和海洋，干擾魚種的繁殖、讓公魚變性並影響母魚體內卵的發展。

　　難怪，污染再加上物種直接開發利用與棲息地流失的效應，已經為淡水魚類帶來全球性危機，有三分之一的魚種面臨滅絕的威脅，而被研究得較詳盡的大型魚種，平均數量更是在過去五十年裡銳減了94%。

　　化學製品不僅在陸地上對生物多樣性帶來負面衝擊，在海洋裡也做了一樣的「好事」。瑞士化學家保羅・米勒（Paul

Müller）發現了合成分子DDT（Dichloro-Diphenyl-Trichloroethane，雙對氯苯基三氯乙烷）能有效防治病蟲害，在1948年獲得了諾貝爾獎，並讓DDT在二次大戰後被廣泛應用於農業好幾十年。後來，人們終於知道DDT（以及在分子結構上很相似的DDE與DDD）會累積在動物的身體組織，尤其是猛禽、水鳥與鳴禽。這種化學成分會使這些鳥的蛋殼愈來愈薄，也因此更容易破裂，造成許多物種的族群數量大減，例如白頭海鵰與遊隼就嚴重受害。

另一組也會累積在動物體內組織裡的化學物質是多氯聯苯（polychlorinated biphenyl, PCB），它們被廣泛使用的時期大約與DDT相當。多氯聯苯被應用在許多製品中，像是墨水、黏著劑、阻燃劑、塗料與機器的冷卻劑。而它們對健康的影響，可讓人聽了笑不出來：多氯聯苯會致癌、降低生育力、導致荷爾蒙失調、疼痛、肺功能受損、免疫系統低下……等等。此外，由於多氯聯苯的壽命很長，即使它們在大部分國家已被禁用了好幾十年，在環境中仍留存有數十萬公噸的量。

人工照明污染

另一個經常被忽略，但問題也愈來愈大且幾乎無所不在的污染形式，就是人工照明。這不僅會影響我們的睡眠，干擾我們的認知功能與平日的荷爾蒙循環，也改變了周遭野生動物的行為。

幾億年來，物種都是在日與夜、明亮與黑暗的恆常移轉下

演化；這些週期變化留下種種了生理印記，像是內鍵在哺乳動物（包括人類）個別組織裡的生理時鐘。然而，如今有四分之一的全球地表在夜晚受到人工照明的影響，無論是直接照射或間接透過天空的光線。

人工照明使得候鳥及海龜失去方向感，並且干擾到蟋蟀、飛蛾與蝙蝠的行為。根據估計，在德國僅僅一個夏天，就有高達六百多億隻的昆蟲因為人造光而斃命；牠們不是直接撲向燈光而一命嗚呼，就是在繞著燈光轉了幾個小時之後筋疲力盡而亡。光害、棲息地流失、殺蟲劑、入侵物種競爭與氣候變遷，都被認為是過去幾十年來，全世界昆蟲在數量與多樣性上大幅衰減的原因。這使得野生植物與人工栽培作物的授粉率，也連帶地大幅下降。

噪音污染

不過，還有一種污染形式比光害更少被意識到，那就是噪音。由於聲音在水中能傳得最遠，這個問題在海洋裡也特別嚴重。從軟體動物、甲殼動物，到魚類、海豚、海豹、海龜與鯨魚等，各種各樣的生命都利用聲音作為感覺信號，來探索海洋環境並與其他物種及同類交流互動。

最早演化出捕捉並解讀聲音之能力的物種，是五億年前的水母，之後某些物種也逐漸發展出這種能力；不過，當野生動物面對這個世界的「聲音地景」在過去幾十年的巨大變化，始終是措手不及的。現今，各種大小船隻、低空飛行的飛機、建

築工程、地震調查、軍事活動、打樁、海底油礦與天然氣開採等所有活動造成的噪音，有些甚至可以傳到數千公里遠，已經對牠們的行為造成重大影響。噪音會擾亂動物移動、覓食、社交、溝通、休息及反應掠食者的能力，使牠們的死亡率上升且繁殖率下降。

新興傳染疾病

所有物種為了對抗特定形式的細菌、病毒、真菌或其他病原體，都進行了某些調整適應。例如，植物的厚細胞壁與動物的皮膚，讓疾病無法長驅直入，而體內的免疫系統則能擊退感染。然而，那些會引發某種疾病的物種，能發展出新的攻擊方式，或變得有能力影響過去從未接觸過它們的物種。例如，病毒因DNA隨機突變而出現的新變種，就有更具傳染力或更危險的可能性。

根據估計，光是蝙蝠身上就有五千多種冠狀病毒；鳥類與哺乳類則可能帶有一百六十多萬種未知病毒，而其中一半都有跨種傳染給人類的潛在可能性。在正常情況下，那些病毒不會對人類造成任何威脅；但當人類不斷地打亂生態系統的平衡，也為病毒的傳播創造了新機會。舉例來說，過去人們大舉砍伐象牙海岸的森林時，一種身上有大量病毒（如伊波拉病毒）的狐蝠，被迫遷移到城市的路樹上棲息，然後在那裡製造大量的排泄物。

所以，如果日後有蝙蝠或其他野生動物身上的新病毒，對人類造成了比新冠肺炎高出十倍甚至百倍以上的死亡率，並非不可能的事。對自然環境恣意妄爲，不僅爲生態系統的生物多樣性造成威脅，也可能帶來讓人類與疾病爲伍的意外後果。

　　相較於人類主要憂慮的對象是病毒與細菌，對某些物種而言，眞菌這群生物或許才是更顯著的威脅。

　　蛙壺菌（*Batrachochytrium*）就是一個在野生動物疾病中被研究得很透徹，而且本身極具毀滅性的例子。科學家以分子生物技術追蹤它的來源，發現它應該是從朝鮮半島開始向外擴散，起因則是兩棲動物商機在全球市場的擴張。青蛙和蟾蜍一旦感染這種眞菌，皮膚便會遭到破壞，進而改變牠們體內的電解質平衡，最終導致心臟衰竭死亡。

　　這種疾病最早發現於 1998 年，迄今不過二十幾年的時間，就已經導致五百多種兩棲類族群的數量大減，其中有九十種甚至已被認定滅絕，包括原生於澳洲東部昆士蘭省的兩種胃育蛙（gastric-breeding frog）。胃育蛙最獨特之處，就是母蛙會在胃裡孵育下一代，直到幼蛙成長至完整發展階段且能照顧自己，而澳洲這兩種極不尋常的物種，是至今已知僅有的兩種！所以，人類因爲想擴展買賣兩棲動物這門生意，無意間毀掉了兩種最寶貴的物種，再也無法親眼目睹牠們珍奇罕見的特質。

　　在植物圈中，則有另一種眞菌使得美國栗樹這種指標性物種從其自然分布區急遽消亡。美國栗樹曾經是北美大陸東部森林帶最優勢的樹種之一，但栗枝枯病菌（chestnut blight）這種

寄生真菌，從1904年被發現，直到二十世紀中期這段期間，至少造成了三十億到四十億棵樹死亡。與前述重創兩棲動物的真菌一樣，這種疾病的源頭可以追溯至東亞，它從那裡搭著進口亞洲栗子樹的便車，一路來到了北美洲。

　　綜合以上，生物多樣性所面對的主要威脅有：人類對自然棲息地的占有與破壞；非永續性的消費模式與非法野生動植物的國際交易；持續暖化且極端、不可預測的氣候；過去互不相關且已經很脆弱的物種愈來愈常相遇；各種形式的污染；還有新的疾病。其結果是，所有這些事件都在發生相互作用，並且提高了許多物種（包括人類自己）滅絕的風險。而上面所列出的甚至還不是完整的項目。

　　面對如此多的隱憂，守護全球生物多樣性的任務，或許看似既艱鉅又複雜。但要達成這個任務還是有可能的，而且只要考慮到生物多樣性對我們或整個星球的無窮益處，這就是值得去做的事。因此，我們別無選擇，得窮盡自己所能來拯救它，以讓地球上這個隱藏的物種宇宙能生存下去。接下來，讓我們來看看該怎麼做。

Part 4

拯救生物多樣性

SAVING BIODIVERSITY

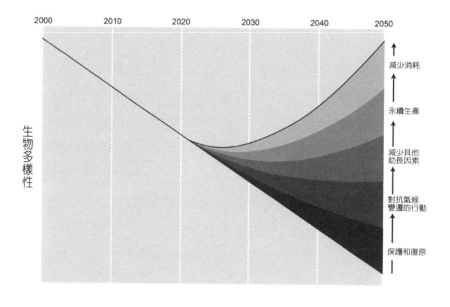

2000   2010   2020   2030   2040   2050

生物多樣性

減少消耗

永續生產

減少其他
助長因素

對抗氣候
變遷的行動

保護和復原

圖20:逆轉生物多樣性喪失情況的曲線。這張圖是由聯合國《生物多樣性公約》(Convention on Biological Diversity)祕書處所繪製的,列出了保護與復育自然的最有效行動,而我在接下來的章節與整本書中,都會以更具體的文字來討論。它們分屬五種概括性範疇:1.保存被留下的,並復原已被破壞的;2.降低溫室氣體排放與增加碳封存,抑制氣候變遷;3.採取行動以防治污染、入侵物種及過度開發,降低這些助長因素;4.創造更多永續生產形式的商品與服務,特別是食物;5.所有人都要減少消費與製造廢棄物。

六千六百萬年前，一顆小行星撞擊地球，毀滅了陸地與海洋四分之三的物種；這是阻止不了的事。但由現今正朝著我們撞來的「小行星」所導致的悲劇，仍然是可以避免的，因為這次的小行星正是人類自己。這個任務不簡單也不容易，但我們別無選擇。

　　正如幾千名物理學家為了解開組成宇宙的基礎粒子之謎，包括暗物質，曾在日內瓦的歐洲核子研究組織（CERN）強子對撞機旁齊心努力，今天也有好幾千位科學家與相關從業人士，正不眠不休地想找出解除生物多樣性危機的辦法。

　　如今，該做的事已經被妥善勾勒出來，儘管要執行那些足以應付這個重大挑戰的辦法，絕非易事。但有一點再清楚不過，只有徹底改變我們的生活型態以及與自然互動的方式，才能拯救生物多樣性。而要達成這一點，我們需要各方面協調一致的努力（圖20，見 P.156）以及社會每個部門的投入，以讓所有人都參與這場革命，攜手合作共同努力，從最高層的政治領導人物，到我們自己的下一代與……嗯，甚至我們的毛小孩！

Chapter **13**

宏觀的解決方案

保護、復育、禁令、糧食需求與永續發展

森林再造的黃金法則

幾年前，我的女兒瑪麗亞曾經下載一個手機應用程式，上面承諾只要她每天花幾個小時做功課，就會幫忙種一棵樹。她平常就有環境危機意識，因此對於自己即使不出門也能在森林復育上有實質貢獻，感到驕傲。

但這讓我不禁想知道：這個應用程式究竟是怎樣執行承諾的？它會種哪一種樹？種在哪裡？由誰來種？還有那些樹種了之後會活著並產生該有的效益嗎？在此同時，我也很清楚全球各地的企業團體、政府、非政府組織與富人，都在做出野心愈來愈大的承諾：「我們會種一百萬棵樹！」「我們會種十億棵！」「我們會種一兆棵！」簡直就像彼此在競標喊價。

這不禁讓我憂心了起來。我從自身經驗得知，比起天然林，一座種出來的森林其實什麼都不是；這不是一種對等式的替代。瑞典森林產業所宣稱的「瑞典從來都沒有過像今天這麼

多森林」，是一種對公眾的刻意誤導。他們所指的森林，事實上就是雲杉與松樹的單一栽培林，而它們的生物多樣性絕不會高於熱帶單作農業裡的大豆田。但一座天然林就不同了，它擁有複雜的生態系統，能夠提供各種棲息地給包羅萬象的地上或地下物種，從土壤裡的蠕蟲、其他無脊椎動物、真菌，到分布在各樹冠層間的苔蘚、地衣、鳥類、哺乳動物，以及許多其他生命形式（圖21）。可惜這種森林正變得愈來愈希罕，而新的人造林卻如雨後春筍到處都是。

圖21：夏櫟，又稱歐洲橡樹（*Quercus robur*）。這種樹能存活幾百年，並維繫上千種各式各樣的生命，包括地衣、苔蘚、昆蟲、鳥類、哺乳動物和其他生物。

更糟的是，在我多次造訪熱帶地區的行程裡，親眼見證了外來樹種的人造林幫倒忙，例如，尤加利樹在非洲，或北美松樹在巴西，是怎樣讓當地生態受害多於受益，儘管根據官方說法（及用意），種植它們的目的是為了協助因應氣候變遷。

那些樹的確很容易種植（某些情況下甚至只要用無人機來撒種子），長得很快，而且木材有不錯的商業價值，但它們也會吸走集水區裡大量的水分，使供應給農民的飲用水與作物的灌溉水源減少；此外，它們也經常具有侵入性，不受控地向天然林擴張，排擠掉本土樹種；而且它們的生物多樣性很低，不僅無法成為本土動物的食物來源，甚至還改變了土壤組成，使其變得不適合多數物種生存。此外，這種人造林也容易遭受蟲害和疾病的侵襲。

然而，光是確認問題所在，並不能保證有所進展；我們需要解決辦法，而且是一個值得推廣的辦法。於是，我在女兒那個應用程式的激發下，與邱園及國際植物園保育協會（Botanic Gardens Conservation International）的幾位學者，包括凱特‧哈得維克（Kate Hardwick）、愛麗絲‧狄薩科（Alice Di Sacco）、瑞安‧史密斯（Rhian Smith）與保羅‧史密斯（Paul Smith）等人所組成的小組合作，協同世界各地的其他專家，並以所能取得的最好實例為基礎，我們研究調查並公開了為棲息地重新造林的最佳方法。

我們所發表的「森林再造的十條黃金法則」，獲得媒體極大的關注，也傳達給全世界數千萬人。後來，有幾千個組織與

個體（許多是種樹倡議行動的直接參與者）都簽署宣言，表明想遵循這些法則來推動森林再造計畫。我們也舉行了線上會議，吸引了來自一百多個國家的幾千位參與者，討論種樹與復育森林最好的作法及時機。

這些努力想要傳達的訊息是：森林再造有很大的潛力，能幫助我們同時應付生物多樣性喪失、氣候變遷與貧窮這些艱鉅的問題，然而，只有「**在對的地方種對的樹，並以對的方式來照顧**」這條原則被嚴格遵守時，這種潛力才能發揮。

我們所列出的準則，還包括以下幾點的重要性：地方社區必須從頭參與、避開原先非森林生長的區域、考量氣候變遷的效應，以及深思它對景觀長期的衝擊。其實，在很多情況下，放手讓森林自行再生，就是最簡單且最有效的方法。

森林再造是有希望「以自然為本」來應付全球挑戰的諸多辦法之一，其他還有紅樹林、珊瑚礁及天然草原等這些重要生態系統的復育形式。陸地生態系統的復育，除了對生物多樣性、氣候及對人們的生計有益，也有利於防治土壤侵蝕、山崩、風暴、水患、海水入侵、野火、病蟲害與乾旱；而紅樹林、珊瑚礁及海草床的復育，則有利於重建強健的魚類族群、促進生態旅遊、捕捉碳並保護海岸社區。

設置保護區的要點

然而，任何時候只要還能選擇，保護現有的自然生態系

統，絕對更勝於等它們被破壞後再來復育。根據估計，想實現《生物多樣性公約》（Convention on Biological Diversity）所設定的願景，在2050年之前逆轉目前陸地生物多樣性喪失的趨勢，我們就得對全世界40%以上的陸地面積進行保育管理。

儘管過去十年被指定為保護區的陸地面積確實增加不少，但這些區域目前所涵蓋的面積只稍微超過15%，這意謂著我們還有很長的一段路要走。但接下來要提高這個數字，將得投入鉅額的金錢，若要像我們至今常做的那樣，只保護交通困難、在農業或其他用途上經濟價值很低的廉價土地，是不足夠了。所以，關鍵是我們必須把焦點放在生物多樣性的實際結果，而不是一個僅依面積比例設定的目標；此外，我們也必須意識到一點：許多國家（例如馬達加斯加島）在設置新保護區之前，更需要優先協助的是提升它現有保護區網絡的效能。

在新的保護區之間，必須能透過生物走廊妥善連結，才能確保物種在覓食、交配與面對變遷中的氣候時，可以自由移動。在現實世界裡，全球公路網的總長度大約等於從地球到月球之距離的一百六十倍，這對大部分動物而言是一種障礙。有些富裕國家蓋了不少有助於動物移動的橋梁與隧道，這些努力非常值得鼓勵，而且在任何新公路的興建計畫裡，都應該及早一併考慮。

不過，最好的作法就是不要再開闢新公路！因為開闢新路必須清除路線兩側的植被，對自然棲息地有直接且巨大的衝擊。不僅如此，它們也是導致周遭自然環境惡化的主因。

道路讓人們能從甲地移動到乙地，也讓人們可以去狩獵、採礦、獲取其他自然資源，或在過去難以到達的區域大舉伐林。以亞馬遜地區為例，94%被砍伐的森林，都在距離道路五‧五公里的範圍內。路殺對特定物種也有相當程度的負面衝擊，例如在美國內華達州南部，沙漠陸龜在離道路四公里範圍內的族群密度，比其他區域更低。

保護區也必須能彼此互補，以盡可能涵蓋最高的生物多樣性，但重點不只是盡量保護最多物種，也必須保護那些在空間上只有部分重疊的演化、功能、基因與生態系統多樣性。

還有一點也很重要：這些保護區必須受到有效的監督與管理，而不是變成人們所說的「紙上保育區」。太多區域在名義上受到官方保護且國際上也如此報導，但其生物多樣性在程度上經常與周遭地區沒什麼兩樣，也沒有執行真正的保育。

在鑑定新區域以進行保育時，關鍵是別只聚焦在那些有高人氣動物的區域，像是大猩猩或雪豹的棲息地，也必須關注能庇護各種較少受人賞識的生物群落（如植物或真菌，圖22，見P.164）的區域。這也是為什麼我在邱園的同事有好幾年都致力於在世界各地鑑定重點區域來進行保育，尤其著重在玻利維亞、莫三比克和幾內亞共和國這樣的熱帶國家。這項工作涉及衛星影像判讀、檢視該國先前所做的生物調查清單、額外的田野工作以調查候選區，以及整個過程皆與地方人士緊密合作。

賦予區域保育優先權確實能發揮作用，以2020年發生在喀麥隆的事件為例，當時該國政府宣布一項伐木許可，但這會

摧毀大部分擁有獨特生態的伊波森林（Ebo forest）。而邱園的科學家與我們在喀麥隆的合作夥伴，透過展示許多獨特的植物種可能因此滅絕，並投入一個獲得好萊塢演員李奧納多‧狄卡皮歐（Leonardo DiCaprio）支持的運動，成功說服了決策者迅速改變決定，轉而允諾為伊波森林提供長期保護。而這樣的決定也為決策者贏得了來自本國與國際社會的讚譽。

圖22：**保護生態系統與它們對人類的益處**。南美安地斯山脈高海拔的帕拉模（Páramo）[1]植被是一個重要範例，說明植物群落不僅供養真菌、苔蘚和鳥類等豐富多樣的生命，也具有等同於大型水庫為數百萬人口提供乾淨水源的功能。

國際間的官方合作很重要

我們常常忘記讓保育見效的最重要因素之一，就是人類自己。一如英國著名的生態學家喬治娜‧梅斯（Georgina Mace，已在 2020 年辭世）所作的總結，生物多樣性的保育在想法與行動上都隨著時代在演變：1960 年代的「為自然本身」（nature for itself）、1980 年代的「人類影響下的自然」（nature despite people），到 2000 年代的「自然對人類的益處」（nature for people）。而自 2010 年代起，保育的重點一直放在「人類與自然」（people and nature），這種觀點更加意識到同時考慮兩者，且讓兩者同時獲益的重要性。

幾年前，我在研究位於馬達加斯加島東部的沃希巴拉（Vohibola）沿海雨林時，就遇到一個真實案例，當時與我合作的還有來自邱園馬達加斯加保育中心的艾萊娜‧拉利瑪納納（Hélène Ralimanana）及幾個同事。我們開車開了將近十個小時，一路所見都是環境嚴重惡化、連一棵樹沒有的景觀，然而在終於抵達目的地時，情況卻變得大不相同。

出現在我們眼前的，是一片豐富多樣且美麗得不可思議的雨林；那裡的森林曾經大得多，如今卻僅剩下這一小塊碎片。而它之所以能完整倖存，則是我們投宿的那家旅店的老闆跟當地社區密集交涉的結果：旅店同意撥出部分收入給社區，以換取居民避免到森林裡狩獵及伐木。這是生態觀光的一種簡單模式，而且發揮了效果，因為當地人得到了對自己生計非常具體

的好處。很多地方都可以採用類似的模式，尤其是如果有地方政府與系統支援，能協助觀光客更平均分布到該國各處。

引導集體性的行動，並不是簡單的任務。從政策的角度來看，有獎勵或懲罰這兩種主要機制，而且經常是透過繳納稅金的方式來進行，如果政府減稅或提供補助，就會鼓勵人民對環境做出「正確」的事，反之則亦然。這一點非常重要，因為你無法期待每位國民都會考慮公眾利益而做出利他的決定。舉例來說，在任兩點之間移動時，飛行就應該要比搭火車貴，因為它所造成的環境衝擊通常大得多（假設鐵路已經存在的情況，因為興建鐵路的環境足跡也很大）。

政府與議會也能透過新法規、禁令與國際公約，來推動急劇的變革。反對在餐廳與其他密閉空間抽菸的戰爭，並不是透過訴求癮君子改變行為，而是經由禁止抽菸才成功。

況且過去已經有過好幾個國際環境禁令的成功案例，例如1980年代末期，經常被用於冷媒或壓縮噴霧噴射劑裡的氟氯碳化物（CFCs），在生產和使用上都已逐步被淘汰，因為這種化學物質被證實會消耗平流層中的臭氧，已經在南極上空造成一個面積廣達兩千九百萬平方公里的「破洞」。至於頒布捕鯨禁令，則是因應多種鯨魚族群數量的銳減，包括地表曾經有過的最大動物——藍鯨。

北美州與歐洲在1970年代、1980年代對DDT與多氯聯苯（上一章討論過它們的作用）的禁止，也拯救了好幾種瀕臨絕種的鷹科猛禽與海豹。比較近期者，則是2000年代起對大部

分含汞製品的禁令，這對野生動物也有正面效果。

在那些例子裡，我們都看到了令人鼓舞的復原跡象，這不禁讓人產生信心，相信其他類似的禁令或條例，也能為物種及生態系統帶來重大福祉。除此之外，學習其他國家的經驗並效法也很重要。可惜雙氯芬酸（diclofenac）[2]這種東西，還繼續在全世界被廣泛用來做為藥物，最近在西班牙（其境內有數量可觀的禿鷹）也被批准使用在動物身上，儘管在印度與其他南亞地區已經記錄到雙氯芬酸所帶來的嚴重負面效應。同樣地，在許多低收入國家的採礦活動中，還有大量的汞被排放到環境裡，儘管汞對動物神經與生殖系統的危害已經廣為人知。

如果還有一個能透過國際立法，為野生動物及人類帶來真正福祉的緊急措施，應該就是對「含氟表面活性劑」（PFAS）發出全球禁令。含氟表面活性劑是一群總數超過四千七百種的人造「永恆化學品」，它們在環境中似乎永遠不會被分解。由於含氟表面活性劑具有防污、防水特性且極耐高溫，被廣泛應用在數千種產品中，包括家具、衣服、煎鍋、鞋子、地毯、化妝品、食物包裝、滅火泡沫、滑雪板蠟和電子產品。但它們最終會進入自然界，其中已經有好幾種被證實會影響動物的生殖與免疫系統，導致牠們荷爾蒙失調、容易流產，還可能罹患某幾種癌症。

有時候，只需要一點創意就會讓人走得更遠。在先前提到的森林再造會議裡，哥斯大黎加總統卡洛斯・阿爾瓦拉多・奎沙達（Carlos Alvarado Quesada）就曾經分享過一個了不起的故

事：他的國家如何從1980年代名列拉丁美洲森林砍伐率最高的地區，搖身一變成為全世界最綠化且最永續經營的國家之一；而生物多樣性也變成一種事關國家榮耀與收入的共識。

他們扭轉情勢的手法堪稱絕妙：用燃料稅收入來支付地主，讓他們不再砍伐森林。那筆稅金足以每年為每公頃土地支付四十二美元，且近年來已逐漸增加到八十美元以上。這筆錢聽起來或許不多，但足以讓保留一座森林完整的收益大於把它轉化成農地。況且那些地主還可以做一些以森林為資本但不具破壞性的其他生意，像是替觀光客安排賞鳥旅遊活動；如果願意，他們也可以就此享受生活，在有蟲鳴鳥叫的綠蔭下散步，或閒坐在樹下彈吉他！

拯救生物多樣性的全球變革，必須有法律架構來支持，我們得鼓勵正向行動者，同時究責那些怠職的國家及其領導人。這裡所說的關鍵理念，就是把大規模破壞生態、為人類與生物多樣性帶來深遠影響的行為，視為一種國際罪行。

數十年來，保育人士不斷發出認可「**生態滅絕**」（ecocide）的呼聲，在環境議題上，這是「種族滅絕」的對等詞，但一直到過去幾年，這個理念才真正獲得支持的動能，愈來愈受歡迎，也贏得更多媒體的關注。

「生態滅絕」曾經將要被列入1990年代通過的《羅馬規約》（Rome Statute），位於海牙的國際刑事法院（International Criminal Court）即是依此規約成立的；然而，有關「生態滅絕」的項目在荷蘭、法國與英國的施壓下被移除，在最後關頭

功虧一簣。

2021年6月，因應瑞典議會成員芮貝卡・勒穆瓦（Rebecka Le Moine）與馬格努斯・曼哈瑪（Magnus Manhammer）的要求，提出了在法律上重新定義「生態滅絕」的建議，其定義是：「明知所作所為極可能嚴重且長期危害環境，卻仍違背法律或肆無忌憚犯下的罪行。」我們在與瑞典運動人士佩拉・提爾（Pella Thiel）[3]書信往返時，很清楚地說明了為什麼這個提議以及本章所討論的其他措施，都應該被嚴正看待，而且在國家與國際司法層級上貫徹執行；透過科學行事與國際合作，可以避免個別的政府或企業領導人製造環境破壞。

解決深層的糧食需求因素

保護留下的生態系統並復原已遭受破壞者，是我們朝目標前進的關鍵步驟，然而，除非我們也同時處理「糧食需求」這個導致生物多樣性喪失最重要的深層因素，否則它們將無法奏效。當全球人口在五十年裡，就從三十九億倍增為七十八億，而且預計至少到本世紀中之前還會繼續成長，我們勢必得找出方法，來減輕糧食生產對海洋與陸地生態系統造成的壓力。根據估計，我們在接下來的五十年，將得生產超過人類史上所有曾經生產過的糧食之數量，這必須透過大刀闊斧改造生產與消費的方式才辦得到。

盡量增加耕作強度，是人們普遍鼓吹的一種在陸上增加糧

食生產的辦法，但這代表使用愈來愈大、愈來愈專業化的農業機械，有時也涉及基因改造作物。這在許多中高所得國家其實已經是一種標準作業模式，像是在加拿大、美國和澳洲西部廣大的麥田區，但這種系統並非到處適用。首先，建立這種系統的花費非常昂貴，還會排除地方社區更廣泛的參與，同時，這種系統最適合在平原地區推行、仰賴大量施用農藥，還會驅走耕地上大部分的鳥類、昆蟲及其他野生動物。

加強耕作看似能減少把更多自然生態系統開發為農地的需求，但事實上卻非如此，只要看看為了滿足全球日益增加的需求，而不斷擴張並侵入亞馬遜的大豆田就知道了。

推廣小農式的傳統農作，或許是一種更好的選擇，特別在許多平均所得較低且生物非常多樣的地區。這種農業通常由全家共同操作，而且是根據當地的土壤類型與微氣候等環境條件，來栽種各式各樣的作物。他們的收成主要是由婦女在村鎮社區內部或社區之間交易。

儘管這個系統幾千年來一直以各種樣貌在世界各地運作，但經過上個世紀後，那些僅在地方使用、未在國際市場上交易的許多作物（也就是所謂的「孤兒作物」），以及跟馴化作物有關的野生種植物（即作物的野生親緣植物），都在人們只偏愛幾種優勢作物的情況下愈來愈被忽視，後果便是喪失了飲食中的營養素質量。

我們有很好的機會來促使那些作物更加多樣化，以增進有些人所稱的「農業生物多樣性」。科學家正致力於以各種計畫

來協助這樣的轉型，並對哪些作物更適合栽種提出建議，這些作物不僅在當前的氣候條件下生長良好，在面對未來氣候變遷的挑戰時也更強韌。

其中有些作物在林蔭中生長得最好，像是衣索比亞與馬達加斯加的大薯（編註：薯蕷屬植物，類似山藥），一直是我在衣索比亞阿迪斯阿貝巴市的邱園同事保羅・威爾金（Paul Wilkin）與塞布塞比・德米索（Sebsebe Demissew）及其合作夥伴研究的焦點。

大薯的栽種屬於一種農林業，降低了伐木的必要性，有助於維護當地的生物多樣性與森林帶來的所有好處，像是提供乾淨的水源、保持空氣涼爽、預防土壤侵蝕及水患。

因此，增加農業生物多樣性，特別是如果再配合扶助教育及家庭計畫的方案，將能為這些國家帶來許多正面效益，從減少貧困人口，到改善健康、食物安全與生物多樣性保育。我認為，這在許多由地方或國際基金贊助的計畫中，都應該被列為重點。

有關食物的最後一個重點，就是減少浪費的迫切性。全球每年有高達三分一的食物被浪費，光是這個數字就說明了一切。這些食物足以養活全世界正在挨餓的八億一千五百萬人口，而且只需要其中的四分之一！整體的食物浪費，是許多因素共同作用的結果，從食物自農場到餐桌的漫長旅程，到消費者對蔬果外觀的過分挑剔。

儘管個別消費者扮演著重要的角色，但許多社會部門的影

響，如學校、公司、旅館、餐廳、超市與政府機關，也不容忽視。而改變已經開始在發生。例如，在法國的超市，丟棄未使用的食品是違法的，你得把它們捐出去；在丹麥和德國這些國家，有些商家開始以較低價格來銷售「有效期限」剛過的商品；在特殊明膠標籤被發明來辨識食品何時真正敗壞的同時，群眾運動也在鼓吹多多購買在地產品。現在，該推廣這些用意絕佳的倡議，並支持在這個領域裡繼續創新了。

投資於朝永續轉型

減少食物浪費，就跟製作堆肥及回收一樣，不僅有助於降低對更多耕地的需求，也能減少養分、農藥與其他污染物質流入環境中，因為這些對生物多樣性與人類都會造成進一步的威脅。這是使所有製造業都循環化的好處之一；所謂的循環化，是指整個過程沒有任何損失，物質可以不斷被利用。這種**循環生產**（Circular production）只是模仿自然的一種方式，自然界中的元素永遠會不斷地循環，好比枯死的樹木會腐爛分解，釋放出氮與磷到土壤中，只為了讓下一棵生長在此地的樹再度吸收利用。

私部門是讓整個社會朝永續轉型的關鍵參與者。而企業手中握有改變產品與服務的權力、創新力及資源，來符合消費者漸增的環境意識與要求。諸如聯合國的「全球盟約」（Global Compact）或「永續市場倡議」（Sustainable Markets Initiative）

等行動，都正在積聚能量，透過集結全球重要的企業領導人，確保其日後所做的每筆投資都會讓自家企業的未來更綠化、更環保。

仿生學（biomimetics）這個從自然界尋找靈感的領域，則是企業能運用生物多樣性不計其數的用途，以解決許多問題並增進人類福祉的另一個例子。

日本高鐵新幹線列車的設計，就是從翠鳥的嘴喙得到靈感，以使其在行駛時變得更快、更安靜，特別是當列車穿過有空氣阻力迫使它減速的隧道時；魔鬼氈的發明，則是源自於瑞士工程師喬治‧梅斯卓（George de Mestral）決定好好端詳散步後黏附在愛犬身上的芒刺（帶有倒鉤的植物種子或果實）；而辛巴威一個模仿蟻丘的購物中心，為了保持涼爽而需消耗的能源，僅有一般同尺寸建築物的10%。

全世界所有國家必須處理的，不只是那些直接導致生物多樣性喪失的問題，像是海洋和陸地棲息地環境的惡化、過度開發利用、氣候變遷、污染及入侵物種等等，他們也必須應付人口成長、貧窮、衝突與傳染病等這些間接因素。這些因素的協同效應，清楚顯示出人類與自然體系之間強烈又複雜的相互連結和依賴。

或許有些人會主張，從金錢的角度來看，那些用來遏止生物多樣性喪失的工程將會過於昂貴，尤其是考慮到機會成本，例如無法在肥沃的土地上種植作物，或必須把公共資金用在棲息地復育，而不是用在醫療保健、教育或軍事上。

事實上，這種看法是基於歷史上一直以來評價或其實是「不評價」自然資產的方式。一如經濟學家帕薩・達斯古普塔（Partha Dasgupta）所說，人類有系統地利用自然生態系統及其物種，打造了社會並維繫消費，卻沒有為了開發提取或置換改變它們而付出過任何報酬。

從1992年到2014年的二十多年裡，全世界各地在建築物、道路或機械這類**製造資本**（produced capital）上的投資，就增加了將近一倍。然而，像森林這樣的**自然資本**（natural capital），庫存量卻減少了將近40%。保護一塊林地，或許聽起來不像是一種投資，但它確實是，因為這能讓林地得以繼續生長，並發展其捕捉碳、保護水土、減少洪患，還有提供授粉、乾淨水源、建築材料、林蔭及其他服務和貨物的能力。

在當前的財政體系裡，現在投資生物多樣性保育的成本，比之後更加便宜；根據倫敦自然歷史博物館一份報告的估算，要是我們十年後再行動，花費將會是現在的兩倍，也會失去更多的物種。

不丹與紐西蘭都已經指出了方向，他們改變自己考慮事情的優先順序與公共投資，以獲得更廣泛的環境與社會效益。這兩個國家放棄追求所有國家都會優先考慮且經常是以「國內生產毛額」（GDP）這個單一標準來衡量的經濟成長，取而代之的模式，則是根據自然生態系統品質與人民福祉來制定的，更具涵蓋性的財富指標來衡量。他們對於一種與財富或製造資本較無關的「美好」生活意謂著什麼，也樂於接受不同的想像。

這兩個國家的例子告訴我們，財政體系的轉型不僅可以實現，它對更公平地分配這個世界逐漸縮減中的資源也是必要的。現在，所有國家都應該定出自然資本的合理價值，並把生態環境惡化、生物多樣性喪失、污染與氣候變遷的所有成本，全都計算在內。

　　「質疑經濟成長，並在經濟上計入環境衝擊成本」，或許這聽起來像個既新穎又具顛覆性的想法，然而它並不是。早在1972年的美國，經濟學家威廉・諾德豪斯（William Nordhaus）就寫了一篇論文討論這個議題，並提到生態學家保羅・埃利希（Paul Ehrlich）的一段話：「我們必須找到一種生活型態，在那當中，生活的目標是讓個人擁有最大的自由與幸福，而不是最大的國內生產毛額。」在接下來的幾十年裡，諾德豪斯繼續發展出一系列深具影響力的經濟模式，它們全都考慮了環境破壞對經濟成長的真正衝擊，最終讓他獲得了2018年的諾貝爾經濟學獎。

　　大自然是維繫人類當前與未來世代之福祉的關鍵。正如阿根廷生態學家珊卓・狄亞茲（Sandra Díaz）與其同仁極力宣揚的理念：科學證據充分顯示，有健康的地球才有健康的人類。這是他們檢視世界各地，經過大量研究後所得到的結論。我在這裡概述的解決方案，只代表整個國際社會都需要關注的部分領域。

　　雖然轉型的關鍵，是一種大規模的、能在國家與全球層級上實踐的倡議，但我們也能以個人身分做很多事，來支持生物

多樣性並降低自己對環境的衝擊，這需要透過每個人在日常生活中的行動與選擇來兌現。

這些行動會彼此增強並放大：個人行動的改變，使政府能夠也繼續做更多事，而這會進一步提升群眾對改變的接受度（如同禁止在室內抽菸），強迫企業或商家跟上腳步，避免群眾頑強反抗，然後更進一步激勵政府做更多事，成為一種不斷升級的正向改變循環。結合全球與個人這兩種層級的改變，是保護全世界生物多樣性最有力的工具。

註釋 ————

1. 譯註：Páramo，即安地斯高山草甸，包含草甸、苔原與疏林草原等生態；Páramo在西班牙語中意指「廢地、荒地」。
2. 譯註：雙氯芬酸，一種衍生於苯乙酸類的抗發炎藥，主要用於治療關節炎、類風濕性關節炎、痛風或偏頭痛、牙痛等需要急性止痛的狀況。
3. 譯註：佩拉‧提爾也是生態學家、生態心理學作家與教師、瑞典「終結生態滅絕」（End Ecocide）組織的共同創建者，以及聯合國「與自然和諧共處」（Harmony with Nature）計畫的專家。

Chapter *14*

個人能做的事
從食衣住行減少環境足跡

「如果你認為自己太渺小而無法有所作為，那你肯定沒跟一隻蚊子共度過夜晚。」有句非洲諺語是這樣說的。全球生物多樣性所面對的威脅，或許讓人望而生畏，但我們在其中全都能扮演要角，而這些作為集結起來就會帶來巨大的正向改變。

不過，想做出個人貢獻，並沒有一體適用的方法可遵循。每個人在自己的社會裡，根據各自的人際網絡、工作狀態與經濟能力，都扮演著不同的角色。相較於有些人有自己的花園或土地，能直接影響生活在裡面的物種，更多人是住在最多只有陽台的公寓。不過，假如這就是你所處的情況，你還是能以身為消費者的行動與選擇，來發揮同樣甚至更大的作用。

我很希望我能說，「你沒有必要為自己做得太少或做得不夠而感到難過。」或是，「任何行動都勝過不採取行動。」可惜的是，想要遏止並逆轉全球生物多樣性喪失，別無他法，就是每個人都徹底且確實地改變自己的生活方式，而且就是現在，立刻！

好消息是，如果每個人真的都大幅減少自己的環境足跡，也影響別人這樣做，其加乘效應將會具有扭轉情勢的力量。你的行動與價值觀、所說的話，都具有啟發他人並產生加乘效果的作用，尤其是當你公開表態支持他人的正向行為。

此外，你會得到很多雙贏的好處，而且不需要犧牲太多，因為那些有益於生物多樣性與氣候的事，總是有益於我們的健康、錢包和福祉。

以下我會列出每個人都能做出改變的關鍵領域。這些行動有些可直接減少人類對生物多樣性的負面衝擊，有些則會帶來間接效益，更廣泛地有助於環境及對抗氣候變遷。某些項目或許比其他更容易也更快被接受，只要我們每年都有進步，就是朝正確的方向邁進。這些建議絕對不算全面或詳盡，而比較像是一份個人清單，條列了我與家人一直以來試圖做到的事。

改變飲食

有鑑於糧食生產是造成生物多樣性喪失的主因，在個人層面上，這是我們都可以開始採取正向行動的地方。在巴西成長的我，每天餐盤裡的食物看起來幾乎都一樣：米飯、豆子、一些沙拉，以及家裡吃得起的一片肉。

不管是在巴西或任何地方，肉類消費對陸地生物多樣性最具殺傷力，尤其是牛肉、豬肉與雞肉。因為比起直接提供蛋白質與其他營養素的植物，飼養動物需要更多的能源、土地及

水。舉例來說，生產一公斤馬鈴薯平均只耗掉兩百五十五公升的水，生產一公斤牛肉所消耗的水量超過一萬五千公升，這些用水經常瓜分自生態豐富多樣的濕地或河川水系。此外，全世界有超過40%的小麥、裸麥、燕麥和玉米生產，還有每年兩億五千萬公噸的大豆及其他含油種子，是用來餵養牲畜而不是直接供人消費。

我知道改變飲食習慣並不容易。食物是我們的文化，甚至是自我認同非常重要的一部分，我們都樂於記得小時候愛吃的菜，而且，與特定氣味及口感連結的記憶，在大腦中儲存的效率比單純的影像更好。就像任何為了減肥而遵循某種新飲食規則的人，都知道要這樣堅持一段較長的時間有多困難，又有多容易就回到過去的老習慣。在某些國家，肉類消費關係到社經地位，而烤肉更在大部分國家都變成某種代表國民驕傲或社交的食物，從墨西哥的燒烤（barbacoa），到南非的烤肉（braai）與日本的烤雞串（yakitori）都是。

然而，改變飲食習慣，正是我們需要做的！特別是在那些平均每人肉品消費量很高的地區。目前全球有四十幾億人口的主要食物來源是植物，尤其在印度與非洲，但肉品消費量在大部分地區卻都高得極不環保，在許多國家還迅速增加中。

肉品除了價格通常較高，也讓我們的健康付出代價。那些吃很多紅肉與加工肉製品的人，容易因心血管疾病而有較高的死亡率；大量食用加工肉製品也與大腸癌息息相關。少吃肉除了有益身體健康，也會減輕一個我們最關注的公共保健問題：

抗生素抗藥性。那些引發疾病的細菌，為了適應廣泛使用（與濫用）的抗生素，改變了自己的DNA，使得過去很容易治癒的疾病，對於人類的治療措施變得不再有反應，這是讓人非常不安的趨勢。

光是在中國，為了不讓疾病在那些被飼養在狹小密閉空間裡的牲畜之間擴散，每年用在牠們身上的抗生素就超過八萬公噸，其中有五萬多公噸最後會進入土壤與河流，影響野生動物和人類，特別是兒童。所以，如果我們不停止過度消費肉品，不僅自身健康會直接受害，就連周遭及世界各處其他生命的健康也跟著遭殃，後果影響深遠。

少吃肉，或根本別吃肉

如上所述，把肉類從我們的飲食習慣中剔除，以來源較具永續性的食物取代，對生物多樣性、氣候和環境都有很大的正面效應。土地與自然資源所承受的壓力都會因此降低，包括我的家鄉巴西，它是全世界養牛的大豆飼料來源的最大生產國。

如果你偶爾真的想吃肉，就選擇以有機方式飼養、在地生產的肉品；若想吃魚，就選擇數量還保有永續性規模的魚種，最好是以減少混獲（把同時捕獲、但未達繁殖成熟度的魚，或是較大型海洋動物如海豚與海豹等，放回海洋裡）的釣餌、拖網或漁網來捕捉者。

放棄吃肉或減少吃肉，也代表減少甲烷的單一最重要來源。人類所飼養的反芻動物會排放大量甲烷，這構成了僅次於

二氧化碳的第二重要溫室氣體（事實上，甲烷的吸熱能力更強，只是留存的時間較短，且目前在大氣中的濃度遠低於二氧化碳）。透過以吃素為主的飲食習慣，每人每年都可以減少排放將近一公噸的溫室氣體。

此外，乳酪、優格和奶油這些乳製品，也能對環境造成很大的衝擊，端看那些動物的飼養方式而定。

另一種選擇則是吃昆蟲。或許有些人會認為既噁心又原始，但全世界有二十幾億人口的傳統飲食，都涵蓋了吃昆蟲這個部分；而且在世界各地經常被人們食用的昆蟲，就有一千九百多種。還好這對環境的影響通常不大，尤其是有些昆蟲能被飼養在有機生物廢料上；既然許多昆蟲種類在全世界的數量都急遽下降，這當然比到野外捕捉牠們更好。

假若吃昆蟲聽起來一點都不吸引你，那麼你並不孤單；如果有一天你試了，說不定會大感意外，我就是如此，沒想到熱炒炸蜢、炒螞蟻和炒甲蟲居然可以如此美味！

實驗室的培養肉又是另一個引人關注的領域，相較於傳統農業，它的確對環境比較有利，不過它還是保留了人類吃肉的習慣，這可能會對自然界目前急需快速且全面脫離動物產品的變革造成阻礙。

多吃蔬菜和水果

很幸運地，在非動物王國裡還有巨大無比且很少被探索的生物多樣性，可以取代肉類。我在邱園的同事，包括蒂齊亞

娜・烏里安（Tiziana Ulian）、毛里西奧・迪亞格拉納多斯
（Mauricio Diazgranados）和山姆・皮洛儂（Sam Pironon）等
人，總共辨識出七千多種不僅在世界各地被食用，還同時兼具
營養豐富、強韌性足以應付氣候變遷，以及低滅絕風險等特質
的植物。

　　儘管它們當中有許多你從未聽過，但某些植物在當地卻擁
有數以百萬計的消費人口。像是莫拉馬豆（morama bean），那
是一種南非莢豆的種子，烘焙後的口感很像腰果，也可以水煮
或磨成粉末來煮粥或沖泡熱飲。還有包含林投樹在內的露兜樹
屬植物，這個植物屬非常耐旱，分布地遍及夏威夷與菲律賓的
海岸低地，果實可以生吃，也能熟食。

　　你有哪些選擇，是依居住地以及周遭的市場買得到什麼而
定，但請優先選擇在地既有物種，以及各種不同、最好是當季
生產的蔬果來消費。我知道酪梨很好吃，但如果它不是生長在
你居住的地區，就代表這是一種經過長途運輸、在當地已經造
成巨大環境衝擊的作物，包括在智利密集地消耗灌溉用水、在
肯亞阻擋了大象自然遷徙的路線。

　　此外，購買蔬菜時，不要只挑外型完美對稱且表皮光滑無
瑕者，也請多多光顧那些長得歪七扭八的蔬果（圖 23，見
P.183）。以英國為例，有 40% 的馬鈴薯、蘋果和洋蔥被丟進垃
圾桶，25% 的胡蘿蔔被淘汰，只因它們的外觀不夠完美！還
有，到超市時請自備購物袋，可能的話，避免購買以塑膠袋包
裝的產品。

圖23：**長得歪七扭八的蔬菜與水果。**人類對於這種自然變種的排斥，意謂著這些蔬果在一天將盡時會被丟棄，前提是它們上得了超市貨架的話。這也是爲什麼即使有這麼多人挨餓，農業擴張也一直在壓迫著生物多樣性，但還是有這麼多食物被浪費的原因之一。

擴大你的食物選項

蕈菇與藻類對於以吃素為主的人來說，是很棒的營養補充選項。它們會把很重要的營養素帶到你的餐盤裡，而且能在對環境衍生最少影響的情況下生長。

秀珍菇（圖 24，見 P.185）就是維生素 B、磷、鉀、鐵、銅與好幾種礦物質的絕佳來源；我們可利用一些食品工業的副產品，諸如啤酒渣來種菇，成果豐碩。我曾經試過在地下室種菇，並對這件事有多麼容易感到驚訝；基本上，你只需要一組簡單的工具，而且所占用的空間也很小。

藻類則可以在海洋裡栽培，根本不需要跟陸地上的作物爭搶土地，也不需要施肥或噴灑農藥，還能為我們的飲食提供蛋白質、維生素、礦物質、抗氧化劑、糖與脂質。

我曾經因參加會議而造訪日本幾次，在那些旅程中最美好的回憶之一，就是看到藻類和蕈菇這些食材普遍被融合在當地的菜餚裡。基於已知可食用的大型蕈菇就有數千種，這份潛在菜單可謂巨大無窮。不過，請絕對避免吃你無法明確辨識或不知道能不能吃的野菇，否則那有可能變成你的最後一餐！

學習用新鮮食材做菜，相信自己的感覺

做菜有點像學習彈奏一種樂器，你得花一些時間與心力，但很快就會開始收穫。首先，不管在網路上或料理書中，都有很多以素食為主的精采食譜，你不必太嚴格地遵照食譜的作

圖24：**秀珍菇**。蕈菇是構成健康飲食的營養要素，而且它們的生產方式比其他類型的食物更永續、更環保。

法，就算你使用冰箱裡碰巧還有的食材，來替換食譜上的好幾種食材，結果還是一樣美味或甚至更好，重點是你把食物浪費減至最低。

再來，你得學習使用真正的食材，而非加工過的材料來做菜，因為新鮮食材不僅是大部分烹飪的良好基礎，也不像微波

食物之類的即食餐，經常附帶許多不必要的塑膠包裝。

至於有關丟棄食物這一點，與其遵照標籤，不如相信自己的嗅覺。嗅覺經過了數百萬年的演化，才成爲一種高度精巧的工具，能告訴你食物是不是眞的壞掉了；更何況「有效期限」只是一種參考。

調整居家生活方式

謹愼選擇食物非常重要，但要極小化我們的環境足跡，必須考慮自己所購買的任何東西，就從帶回家的東西開始。

避免傳統棉花製品

服裝工業高度仰賴棉花。但這是一種需要大量灌漑才能生長的作物，因此，它的栽種地經常與人類或濕地、河川等自然生態系統競爭水源；傳統的棉花栽培業也必須大量噴灑農藥，而農藥又會進一步滲流到河川，影響當地居民與野生動物，像是印度或孟加拉這樣的低所得國家，尤其會受到影響。

有機棉花雖然是比較好的選擇，但同樣需要大量灌漑用水，所以我們應該要找比較友善環境的植物纖維，像是麻、亞麻、苧麻或竹子。舉例來說，生產一公斤麻（圖25，見P.187）需要四百公升的水，棉花則需要一萬多公升。

某些動物性天然織品在生產上也可以比較永續環保且持久耐用，像是羊毛這種材料在生產上的能源消耗及碳足跡就僅次

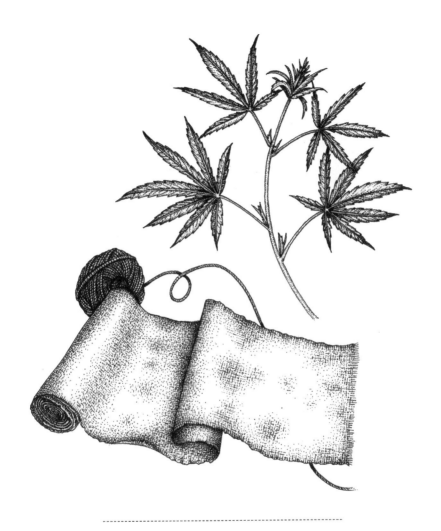

圖25：**麻，使服裝工業更永續的植物**。儘管它常讓人聯想到娛樂性用藥或更近期的醫療用藥，但麻的功能非常廣泛，已經作為一種提供纖維的植物而被栽種了將近五千年。以麻製成的產品，遠比棉製品更具永續性。

於麻，比大部分紡織纖維更少。原因之一是綿羊能被放養在不適合耕作或地勢較不平坦的地方，也就是你不需要像飼養肉牛那樣，把森林或其他生態系統改造成草地（這個過程會把大量的碳釋放到大氣中）；此外，綿羊身上的絨毛每年修剪後還會再生長，這使羊毛成為一種可再生的材料。同樣地，若皮革是有機農場的副產品，也是對資源的一種善加利用，只是要避開那些以化學染劑重度加工的製品。

混合多種材料製成的衣服，在回收上或許比較具挑戰性，但比起人造搖粒絨，對環境不見得更糟。搖粒絨的優點是可以用回收塑膠瓶製成，但它在洗滌時會釋放塑膠微粒，這些最終會進入食物網的每個環節，為野生動物和我們帶來隱憂。此外，透過新興綠色科技所開發的新材料，也不斷在市場上推陳出新，例如，名叫嫘縈（rayon）、莫代爾（modal）與萊賽爾（lyocell）等等的纖維，都是以所有植物都具有的纖維素製成，包括木材工業的副產品。

少買一點

我們別無選擇，如果想要降低自然資源與生態的壓力，就必須大幅減少所有形式的消費。這麼做所降低的，不僅是我們對特定產品的需求，還包括與此相關的物品及服務，例如它們的包裝、運送、倉儲與處理（包括它們所助長的全球廢棄物與環境污染）。

我們必須停止一直購買和送禮，重新思考自己的日常生活

習慣，還有聖誕節或生日這種場合或時刻。如果你想送一份禮物，或許可以考慮送一種體驗而不是實質的物品，例如一場展覽、一齣戲劇、一門課程或一次按摩。跟別人交換東西也很有趣，在許多城市都會舉辦的交換活動或街頭市集上，不管換的是衣服、書籍或植物都可以。參加豪華晚宴的禮服或特殊運動的裝備，也可以用租的，通常你得租非常多次，租金成本才會超過購買費用。

接下來是購買二手貨。好家具即使不能用幾百年，至少也是好幾十年，而且舊貨市場的東西包羅萬象，幾乎任何你想得到的都找得到，從廚房用具到帽子、手機、專業工具，而且價格非常低廉。也有許多線上交易網站，不管你住在哪裡都沒問題。

珠寶飾品是一個隱藏的禍害，因為採礦與萃取黃金、鑽石這類的貴重金屬或寶石，都會對環境造成巨大衝擊（因此回收、再利用或改變用途是較好的選擇）。

此外，也要小心那些免費的宣傳品，像是小筆記本、鑰匙圈、袋子、原子筆和塑膠玩具；那些東西你都不需要（你服務的公司也不應該贈送這類東西）！

留意你使用的家具

由於全部樹種中有三分之一正在面臨威脅，木製家具是一個有待改善的關鍵領域，因為它與大規模毀林及非永續性擇伐密切相關。如同第十章討論過的，國際市場上的非法原木，遠

比我們所想像的更多。目前已存在的幾種森林認證是好的進展，但也被批評並沒有展現它們應有的嚴謹及效益。

　　所以，如果你必須購買新的木製家具，請先考慮好你真正需要的是哪一種木材。如果是室內家具，你該排除最耐用的熱帶硬木（如柚木和桃花心木這類硬木）；即使是戶外家具，也不見得必須是熱帶硬木材質，因為用橡樹或其他一般樹種製成的家具，只要適度保養，例如漆上天然油料，也都能長年使用、不怕歲月與日曬雨淋。

　　假若你確實需要熱帶硬木，譬如那是一件精緻的木工製品或樂器，那就仔細檢查文件，確保這塊木頭是來自永續栽培的森林，而不是砍伐自野外。此外，你也應該避開受威脅的樹種，譬如幾種紅木與黑檀木。

把野生物種留在它們的棲息地

　　木材只是我們在帶回家前得篩選及考慮的眾多自然材料之一。許多以貝殼、珊瑚或其他野生動物製成的紀念品，你永遠都不應該購買，除非那是真正永續性的，像當地社區以可再生的資源所製成的工藝品，例如由植物製成的籃子（如果心懷疑慮，最好的作法就是別買）。

　　你也不要購買不尋常的植物或寵物，這個領域的黑市巨大無比；任何人只要設一個社群媒體帳號，就可以開始販售非法採集的物種，從蘭花、仙人掌、烏龜到變色龍，導致毀滅當地族群甚至整個物種，尤其是那些只分布在少數地方或小範圍區

域者。這個問題在各地因新冠肺炎疫情而採行諸多管制的期間，變得更惡化，因為過去從事觀光業或某些深受疫情影響之產業的業者，得想辦法另謀生路。

身為消費者與地球公民，我們應該以其他更具永續性的方法來支持他們，像是購買來自那個區域的有機農產。

寧可投資在品質上

不管你買的是二手貨或新品，應該選擇持久耐用的東西。我們很容易犯下買便宜貨的錯誤，譬如打折商品，即使那根本就不是我們需要的東西。

相較於1960年代的電視或1980年代的電話都可以使用幾十年，現今有許多設備或電子產品並非如此，這是身為消費者的我們不應該接受的。我們必須要求品質更好的產品，尤其因為它們內部有許多金屬與零件材料，得經由嚴重破壞環境的採礦活動來取得。所以，你應該根據產品壽命保證來選擇品牌，如果能力所及，應該遊說那些公司生產較耐用的商品。此外，考慮維修而不是乾脆換新，並支持那些推廣這種理念的品牌。

幫你的家排毒

化學清潔劑的使用，不僅幾乎不必要，還是污染集水區與海洋、影響獨特生物多樣性的原因之一。你可能很驚訝以下這些作法的效果有多好：只要用普通肥皂或清潔劑來做一般清潔工作，用醋來清洗浴室和廚房，包括磁磚表面、洗臉槽、馬

桶、浴缸和淋浴間，在網路上都可以找到這類自製配方。

化妝品和個人衛生用品是危險化學物質的另一個重要來源，從含塑膠微粒的指甲油和口紅，到幾十種成分中至少含有一種抗菌或抗真菌的有害成分，例如含三氯沙（triclosan）的洗髮精、香皂和牙膏。無論這些毒素是從洗臉槽流走或是被丟進垃圾桶，最後都會進入環境的每個角落，毒害河川與海洋，不僅會影響珊瑚礁、藻類、海龜和魚類生態，也會使細菌產生抗藥性。有許多產品也含有非永續性成分，像不合格的棕櫚油。假若你不認識某種成分，或是不了解它的產品對環境會有哪些衝擊，就到網路上搜尋。

除了選擇對環境比較友善的清潔用品或化妝品，我們也應該要挑戰造成它們被過度使用的原因，像是業者對清潔與化妝用品從不間斷的廣告宣傳，以及一種每天得洗澡的社會規範。不過，如果你還是選擇使用它們，也請務必妥善處理這些含毒素產品與藥物的殘餘，例如把它們送到回收站。

購買乾淨的能源

有很大一部分的全球能源消費與碳排放量，是來自於一般家庭。因此，如果能力所及，請務必只使用友善環境的可再生能源，特別是由陽光、風力與水力所供應者。這些能源遠比仰賴燃燒煤或石油更好。

化石性燃料除了會造成氣候變遷，在其產地更會直接影響生態，尤其是當這種影響來自採礦與石油鑽探，它們引發的災

難級石油外洩事件，對野生動物影響深遠。而核能是不可信賴的，雖然它只需要一塊面積不太大的土地就能生產電力，但一開始還是得採礦，也會製造幾千年內都還存在危險性的放射性廢料，還有偶爾因天災人禍所導致的核能外洩意外。

如果你的電力供應商沒有提供任何讓你覺得可靠的能源來源，那就換一家。只是請記得，**在能源生產這方面，沒有任何來源是毫無疑慮的，即使是那些我們認為「乾淨」的能源**。風力發電機在製造上非常耗費資源，而且總是被怪罪破壞了地表景觀、製造噪音，還是鳥類和蝙蝠的殺手（儘管目前的證據並未顯示這是大問題）；太陽能電池在製造上則需要大量能源，但如果被使用在正確的區域，還是利大於弊；水力發電站在運轉時對環境的衝擊較有限，然而對周圍的生態與集水區卻可能產生巨大的負面效應，也會阻礙洄游魚類這類動物自由移動的機會。所以你該好好研究，比較你們擁有的在地選擇。

整體來說，雖然乾淨能源有上述這些問題，還是相對較好的選擇，而且它在價格上愈來愈可親近。事實上，經國際能源署證實，太陽能現在是人類有史以來最便宜的能源來源。

減少你家的能源與用水消耗量

即使你使用了住家附近最永續、最環保的能源，降低能源消費量還是非常重要。你可以從很多方面著手來達成這個目標，譬如改善房屋的絕緣功能，如果你需要開暖氣，就把室內溫度的設定調低幾度（只要再套件衣服就好）。你也可以使用

省水蓮蓬頭，沖澡沖快一點，避免泡澡，煮菜時蓋上鍋蓋（這樣能省下八倍的能源使用量）；你還可以把所有的傳統燈泡都換成 LED 燈，把待機狀態的電子用品全部關掉，離開房間時隨手關燈；也可以把洗好的衣服掛起來晾乾，而不是使用滾筒式烘乾機。

如果機器故障，可以送修而不是買一部新的，否則就必須確認任何新購入者都具備最大的節能功效，因爲產品之間的耗能差異很大（例如電烤箱的效能至少是瓦斯烤箱的兩倍）。

節約用水除了對世界某些有經常性或季節性缺水問題的地區特別重要，也帶給我們幾項好處，例如減少淨水與加熱水時的能源消耗，還有降低開發地下水與其他水源的壓力，那些都是野生動植物賴以維生的資源。

對寵物要三思

貓和狗都是很棒的伴侶，牠們可以紓解人的壓力，成爲我們眞正的家庭成員。而養寵物的人口正在暴增，在新冠肺炎疫情期間更出現一波新熱潮。

只不過，牠們終究是動物，有屬於自己的天性，還可能帶來相當可觀的環境足跡。貓會追逐鳥類、囓齒動物或其他野生物種，即使牠在家裡已經好好被餵食過了。光是在美國，每年就有高達四十億隻鳥與二百二十億隻哺乳動物被貓獵殺。最糟糕的，莫過於那些因逃跑或被棄養而四處遊蕩的流浪貓。島嶼及其所擁有的獨特生物相，尤其深受影響，前述發生在夏威夷

的毀滅性後果就是一例（參見第七章）。如果你不想讓你的貓總是待在室內，至少在牠的脖子上掛個鈴鐺，以警告可能成為其獵物的對象（雖然這也只能幫一點點忙）。

此外，正如你會檢視自己所吃的食物，你也必須考慮寵物的。一隻拉不拉多犬這種體型的中大型犬，每年消耗的食物所帶來的碳排放量，大約是一輛大型車開一萬公里所排放的兩倍。所以，有關寵物的選擇，你也應該要三思。相較於一隻大狗消耗的食物，需要一‧一公頃多的土地來生產，倉鼠的食物只需要〇‧〇一四公頃。由於要讓狗和貓吃素似乎不太可能，但你可以找一些以昆蟲為主要成分的新品牌寵物食品，來降低牠們的碳足跡。

養寵物對環境當然也存在正面效應，例如飼主會更常運動、更少旅行，也更少搭飛機。以上都是你事先就該審慎思慮的重點，不管你是第一次養、想要再養一隻，或原有的死去而想再找另一隻來陪伴。童年的我是在狗兒陪伴下長大的，我知道人與牠們的情感連繫可以多麼緊密。然而，或許這樣的時候到了：我們應該學習更欣賞自由漫步在大自然中的生命，而不是關在家裡的寵物。

我們的後院

家裡的花園是很棒的地方，只要簡單的行動，我們就能讓它對地方或區域的生物多樣性發揮具體作用。今天，全世界有

一半以上的人住在都市裡，而這個數字會在2050年以前增加為超過三分之二。如果把所有的花園加在一起，它們在大部分的都市地區其實都占有很大的面積比例，以英國的一般城市為例，這個比例大約是四分之一，所以我們得讓它們發揮最大的功能。

既然我們已經大肆改造這個星球，沒有留下多少空間給其他物種，至少我們可以在自家後院適度用點心力，主動採取幾個步驟，然後結合城市裡的公園，以及其他沿著路邊、圓環上或公共區域的微型棲息地，一起成為野生動植物的避風港。這對維繫與增進生物多樣性會帶來巨大益處，不僅更有利於物種在都市裡自然移動，降低都市的空氣與噪音污染，也為我們的精神健康與幸福提供實質上的好處。

捨棄草皮

草皮是一種耗時耗水、不具生產力且不必要的土地利用方式。所以，讓野草野花自然生長為一片草地吧！你只要在一開始買些種子，往後它們就會再長出來，但你要確定這些種子是來自當地的本土物種，而不是外來種或某些基因來源可疑的侵入種。

如果你還是喜歡草皮，那就容許它們長高一點，如此一來，草皮裡的某些開花植物與真菌，至少有機會茁壯；還有，絕對不要使用肥料或除草劑。如果你有很大的空間，那就讓森林落腳，不管是讓它自然形成（透過種子自然再生）或種一些

本土樹種的幼苗；接下來，你也會吸引並享受到那些樹木所帶來的許多相關物種和其他好處。

此外，你也應該減少除草；觀察有哪些本土植物會自行生長，是一件非常有意思的事；況且，讓某些角落長點蕁麻或其他本土植物，也可以為許多蝴蝶提供生存空間與食物；多種一些能為昆蟲提供良好蜜源的植物，但你最好先徵詢地方人士的建議；你還可以留一堆樹枝及樹葉，歡迎刺蝟、小型囓齒動物和昆蟲搬進來（圖26，見P.198）；也可以放幾段木頭讓它們自然腐爛，時間一久，表面會開始有真菌、苔蘚和昆蟲入住；朽木是這些生物賴以維生的基質，卻因為人們總是有公園或花園得保持整潔的執念，讓生物多樣性已經變得愈來愈稀少。

為其他生命打造家園

你可以為落單的蜜蜂、黃蜂、鳥或蝙蝠搭建巢穴，自己動手來做這些事，簡單又有趣，你也可以在網路上或某些園藝行買到現成品。餵鳥是一種樂趣，也能增加鳥兒一整年存活的機率，尤其在寒冷或乾燥的季節。

我通常會把不同的種子和堅果混在一起，因為鳥的飲食也需要多樣化，而且不同鳥種之間也各有需求與偏好；有時候，那些餵食器也會吸引松鼠這樣的小型哺乳動物來訪。如果在熱帶地區，削片的木瓜、香蕉或其他水果，肯定會大獲青睞。

假若你更有雄心壯志，也有足夠的空間，那就蓋一座池塘；它絕對會吸引一大票各式各樣的昆蟲，從半翅目的水蟲到

圖26：**後院的生物多樣性**。花園可以成爲許多物種的避風港，只要我們出手幫點忙。一堆木頭可以給刺蝟和兩棲動物一個家，而蕁麻和其他野生植物則爲蝴蝶提供食物和庇護所。有許多方法讓我們可以在後院幫助這些生命，只要找出最適合你所在區域的方式。

蜻蜓，或許還會有蠑螈、青蛙和其他動物，端看你是住在世界的哪個角落。我最近才剛蓋了一座，而那是我家花園裡讓人最有成就感的工程之一，有許多生命來到這座池子，而家人從來不會無聊，總是有什麼可觀賞。

設置堆肥桶

我的第一份工作是在一座植物園裡，而「堆肥是所有花園的核心」正是我在那裡最早學到的事情之一。這些年來，我充分明白這樣說真的非常正確。堆肥是一種神奇的資產，它可以把一個家庭所有以植物為主的廚餘，全都轉化為優質且肥沃的土壤，你完全不需要買肥料（這類肥料通常得耗費大量能源來生產，會破壞河川與湖泊的營養平衡，並且對裡面的生物帶來負面效應）。我家就有兩大堆熱堆肥，因為非常密實，不怕有老鼠來訪，而處理及照料它們，幾乎變成了我的嗜好。那些從我家樹籬及樹木修剪下來的樹枝，在用花園碎木機處理過後，大部分都成了堆肥材料。

關掉戶外的燈

你可曾想過，今天不管在哪個城市，夜晚都很難再看到滿天星斗了？儘管有五千多顆星星其實是肉眼可見，但在一個典型的城市裡，能被看到的實際上連十幾顆都不到，了解到這一點，真的讓人感覺很糟。

現今，很多兒童在成長過程中，除了從電影或照片，根本

從未親眼看過銀河或體驗過流星雨帶來的興奮與激動。就如我們在第十二章所見，人造光的污染不僅是惱人的現象，對生物多樣性和人類更是一個愈來愈嚴重但未受到重視的大問題。夜晚的光源會擾亂動物、植物與人類的晝夜節律，深深危害我們的環境。如果你可以避免，就不要助長這個問題。

交通運輸

全球化可以拉近人與人之間的距離。由於加入競爭的航空公司數量爆增、令人心動的購車付款方案、政府在道路系統的投資等眾多因素之賜，國際旅遊從未像今天這樣容易且讓人負擔得起，不論距離遠近。

化石性燃料的使用與溫室氣體的排放雖是這方面的核心問題，但真正的問題還有很多。汽車廢氣、道路磨損所釋放的微粒，以及有毒的一氧化氮，都影響著人類與其他動物的呼吸系統，並可能與過早死亡有關；公路兩旁的照明雖然降低了發生車禍意外的風險，卻是造成光害的主因；與交通工具迎面對撞，也是瀕危的青蛙、哺乳類、爬行類和鳥類等許多物種所面臨的一大威脅。

另外，繁忙的交通導致道路表面磨損龜裂而必須修補，因此需要更多的瀝青與水泥，而它們都會釋放大量的有毒氣體。此外，新道路也是毀林與土地利用變動的主因。

整體來說，快速廉價的運輸讓我們的生活便利許多，但我

們的地球也為此付出龐大的代價。幸運的是，改變它還在我們能力所及的範圍內。

如果可行，就在家工作

新冠肺炎的疫情暫時中斷了現代人狂熱旅行的現象，但我們必須在一種更長久的基礎上，降低交通運輸對環境的負面影響。基於便利性，很多人快速變成了視訊會議的專家。如果公司能鼓勵員工每週至少一天在家工作，將會大大減少整體的運輸量，也替所有人取得更健康的工作及生活平衡；而且對很多人來說，這是妥善處理電子郵件或專注在某項特殊任務而不被打擾的時間。

走路或騎腳踏車

無論就環境或健康而言，走路和騎腳踏車永遠都是最好的移動方式；根據世界各地的統計資料顯示，這對全球大多數人來說應該也是可行的。以中國為例，小型城市上班族的平均通勤距離是六公里，即使在超大型城市也不會超過九·三公里。電動腳踏車擴大了人們願意騎行的最大距離，如果騎車環境安全，單程十公里到十二公里的距離，根本不算什麼，甚至要移動更遠的距離，這些方式都辦得到，更何況「慢遊」的旅遊方式愈來愈熱門。

不過，如果步行或騎車不符合你的需求，或是讓你安全步行及騎車的基礎設施還沒到位，那麼大眾運輸工具應該是你的

優先選擇。或許你得結合這兩種方式，像是先騎車到附近的車站去搭車，完全視你的情況而定。

減少飛行

在奧地利和法國等國家，政府已經禁止短程飛行（三個小時以內、可搭乘火車替代的飛行距離，其他國家的定義或許不同），另有好幾家跨國企業也對員工採行了類似的政策，但在大部分的情況下，「是否避免飛行」仍取決於我們自己。海外旅行是目前少數沒有其他交通方式可替代的領域之一，基於我工作的國際性質，這也是我很掙扎該如何減低碳足跡的部分。

不過，在疫情期間，我還是有辦法組織或參與許多虛擬國際研討會及其他大小會議，對那些行動不便或經濟與時間條件較受限的人來說，這樣做還有增加參與機會的額外好處。我很希望這類虛擬或實體虛擬「混合」的活動，能繼續在社會的各個角落發揚光大。

共享低碳排放的交通工具

假如你真的需要車，就得明白選一輛對的車不是件小事。曾經一度很受歡迎、用來替代化石性燃料的「可再生乙醇」，儘管被以一種綠色能源來行銷，事實上卻促使亞馬遜雨林被砍伐更多，以便種植甘蔗來提供製造這種燃料的原料。於是，電動車成為一種更新穎也更具希望的替代物，因被公認是「對環境是潔淨的」而大受歡迎。

儘管這種認知在很大程度上是對的，但生產電動車仍然免不了消耗大量資源。它的電池需要使用二十幾種礦物，包括得透過採礦才能獲取的鋰、鈷、鎳與其他稀有金屬，這是對全球各地許多物種直接造成威脅的活動，像是拉丁美洲的鹽湖平原、幾內亞的雨林和斐濟群島附近的深海海域。

　　近幾年，國際市場對礦物的需求已經暴增，這是我們迫切需要替代品的訊號，而且必須與完全回收一併進行。此外，不要忘了，運轉電動車的電力也是付出環境代價得來的，即使它來自再生能源。所以，可能的話，不要立刻購買自用車，而是加入汽車共享計畫；這是很棒的解決辦法，目前在許多地方都很受歡迎。畢竟大多數的車都沒有被有效利用，大部分時間都只是停著不動。

發揮個人軟實力

　　從2018年8月開始，十五歲的格蕾塔・通貝里（Greta Thunberg）每週五都會從學校蹺課到瑞典國會外面靜坐，手上拿著「為氣候罷課」的標語。當時，沒有人能料到她的行動在接下幾年會產生不可思議的連鎖效應，全世界有數百萬人因此意識高漲，走上街頭抗議，並提出他們的訴求。然而，你不需要成為格蕾塔，才能影響別人去發揮正面效應。絕對不要低估自己的潛力！

影響你工作的地方

　　無論身為雇主或員工，你都擁有帶動改變的潛力，這是可以發揮強大作用的。檢視你工作的地方是否有全面性且可信度高的永續政策，以及這些政策是否實際執行。如果沒有，就想辦法讓它發生，找那個對的人談一談，不然就自己來做。

　　事實上，企業經常有機會做出實質改變，藉以減少環境足跡。鼓吹你的雇主加入追求「**淨零排放**」（net zero）的行列，在快速且本著科學減量排放的路線上，採取所有可能的行動來達成氣候正效益。[1]員工的聲音非常重要，而雇主應該找機會培訓員工，例如提供有關碳知識及永續採購的訓練課程，使他們了解自己的工作對環境可能產生的影響。

　　認清以下這一點至關重要：**抵銷碳排放量並不能替代絕對減量；而且，不分青紅皂白就購買某些碳交易方案，更可能對生物多樣性帶來負面影響。**

　　你可以多加考慮並發揮作用的領域，包括了如何採購貨物或服務、對設備及資源的修理、再利用與儲存能力、出差政策、工作場所的食物與飲料、新建築的興建與舊建築的翻新、提供低碳通勤選擇，以及將公司對環境的影響透明化。

提出批判性問題

　　「這個產品是從哪裡來的？」「你怎麼知道這個標籤上的訊息是正確的？」「這個成分代表什麼？」廠商提供服務或產品

給商店與超市販售，而我們對這些公司施加愈多壓力，他們就愈可能停止銷售那些破壞環境的產品，或至少會提供消費者更透明的資訊，讓消費者做決定時有所依據。

舉例來說，太多產品在標籤上含糊列出「植物油」這種語焉不詳的成分，事實上幾乎都是棕櫚油，正如第九章所述，它就是導致印尼與馬來西亞等許多地區被大規模毀林的罪魁禍首。

除了促使廠商更清楚地說明產品成分，我們的提問也會鼓勵他們增加自家供應鏈的透明度，並對其所產生的環境與社會衝擊提供具實證性的評估。瑞典的連鎖超商巨擘COOP，想出了一個方法，把十種不同指標圖示在單一標章上（圖27，見P.206）。雖然要以可信的方式來測量這些指標很具挑戰性，但能往前跨出一步依舊可喜。

類似的提問與要求，同樣適用於我們平日接觸或互動的許多組織，像是孩子的學校、我們的合唱團、教會、體育中心、遊樂場、音樂廳、劇院或其他。而且不要怯於往前再跨一步，你可以寫信給地方報社、在電台節目中call-in、參加和平示威、提出（或至少簽署）請願，以推翻政府可能會負面影響生物多樣性的錯誤政策。我們愈常發聲，表達意見這件事就會愈容易且愈不尷尬，而我們也就能愈快改變整個社會。

策略性投票

近年來，我們已經看到太多政治領袖對環境議題光說不練

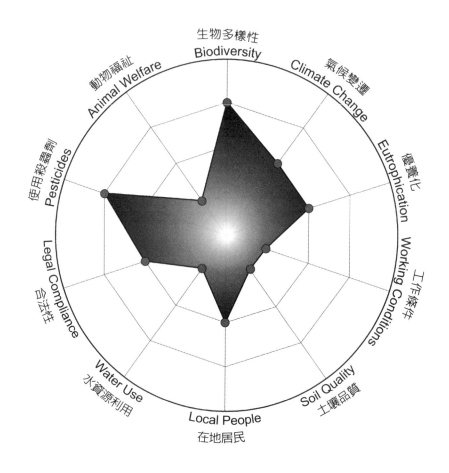

圖27：公開產品對社會與環境的影響。由於我們的消費（尤其是食品）是導致生物多樣性喪失的最重要因素，我們就必須知道各種商品對環境的衝擊，以便在消費前做出明智決定。這個「蜘蛛網」圖，顯示出一件商品在十個不同變數上的相對衝擊度。在每個變數上，一個圓點愈遠離核心，此產品在這方面的負面影響就愈大。身為消費者，我們可以要求超市與其他商品或服務的供應者資訊透明。你不必變成環境專家，也能進行永續消費。

的例子，有些人甚至更糟，不僅積極否認氣候變遷，還做出反對綠色經濟發展路線的決策。

全世界的決策者，無論層級是總統／總理或州長／市長，全都能對生物多樣性帶來深遠的影響。他們可以加強或削弱環境法規的立法與執行、批准或駁回伐木許可申請、針對碳排放量增稅或減稅、禁止破壞環境的商品等等。他們也能決定公共支出，管控政府組織團體的活動，包括軍隊，例如在英國，光是軍隊的碳足跡就已經超越了全球排放量最低的六十個國家之總和。

所以，下次選舉時，請務必謹慎選擇，把票投給觀點與你一致，同樣重視自然環境與生物多樣性的候選人。

投資與其他行動

捐獻

每位國民都有繳稅，但政府運用這些稅金的方式，卻不足以遏制生物多樣性的喪失，以及應付全球各地的氣候變遷，尤其是在那些所得較低但具有多樣生物的國家。

幸運的是，許多組織在全球各地做著不可思議的工作，他們協助地方社區開發在環境上比較永續的收入來源，訓練並聘用專人在保護區內進行預防非法伐木與盜獵的工作，以及推動兒童環境教育等等。這確實是必要的，在過去三十年裡，因為盜獵與棲息地環境被破壞，非洲森林象的數量減少了86%以

上，而這些問題同樣影響世界各地成千上萬個物種。因此，監督生物多樣性一事在守護物種方面，扮演著非常重要的角色，而其執行者經常是仰賴捐獻的非政府組織及其他慈善機構。

在經濟較富裕的國家裡，大部分的人應該都有能力把月收入的1%，捐給某項他們所支持的理念，甚至5%的捐獻對他們來說可能也不痛不癢。你也可以為了彌補特定行動的碳排放量而捐獻，譬如自己某次必要的飛行。捐款給自願抵銷排放量的倡議組織，能協助復育自然並為氣候與生物多樣性帶來實際效益（但這不代表我們可以不加思索地繼續排放碳）。

找到正確的倡議組織，並非總是很容易，但原則上，如果你支持在開發中國家設置可再生能源之類的永續發展，或是雨林、紅樹林、海草床或泥炭地等某種自然棲息地的保護或復育，你只要透過具有專業知識的組織或慈善機關，就能發揮正面影響力。但你要小心那些種樹的倡議團體，如果你不清楚他們實際上是否遵照最佳作法；那些作法包括了考慮過種哪些樹或要如何養護那些樹，就像前一章提到的那十條黃金法則。

儘管很多人喜歡決定捐款的明確用途，但我會建議你找一個信得過的機構，讓它把錢用在最需要的地方，而不是用在吸引最多群眾訴求的項目上。我不反對支持熊貓或老虎這類可愛或具指標性的動物，牠們都是極其珍貴獨特的物種，也扮演著關鍵的生態角色，但自然界中還有許多迫切需要保護或復育的物種與生態系。人有很多自己想支持的理念目標，但環境保育的工作真的需要更多資金，而它所獲得的卻遠不及其他領域。

以美國為例，47%的捐款去向是社會扶助事業，31%是宗教團體，只有3%是捐給環境保育。

好好看住你的存款

有四分之三的人不知道自己的退休金被投資在何處。許多國家或公司的年金都採用自動加入機制，因此人們的年金會自動進入「預設」基金。雖然這樣做很方便，卻也代表你辛苦賺來的積蓄，可能被用來支持礦業、石油與天然氣產業，或是其他破壞環境的經濟活動。所以，請務必挑選有提供綠色投資組合的道德金融機構，目前這類投資組合已經愈來愈受歡迎，而且在私部門支持永續性轉型上，也能扮演重要的角色。

記錄你所目擊的物種

保護生物多樣性的重要前提，是了解每種生物棲息在哪裡，否則下一座工廠在大興土木時，就有可能不小心毀掉某種稀有蠑螈的整個族群，或導致一種科學上未知的植物死去。

當氣候在變遷且棲息地被改造的過程中，物種會來到新的地區或從某些地方消失。所幸，想跟全世界一起繪製全球生物多樣性及其如何隨時間變動，如今已是非常容易的事。

假如你有智慧型手機，只要下載一個叫iNaturalist[2]的應用程式，就能立刻開始登錄你所目擊的物種。你甚至不需要知道自己拍到的是什麼，因為這個功能強大的軟體，會利用人工智慧替你的照片跟幾百萬張照片做配對，使用者社群則能協助驗

證其辨識結果。

這真的是一種可以跟親朋好友共同進行的有趣活動，不管在你家附近、在野外健行或是在旅途中都可以做，你會輕而易舉地學會辨識許多物種。這個龐大的線上社群已經做出數百萬次的物種觀察，然而需要的還遠遠更多，我們的每一個物種目擊都很重要。

保有你的好奇心

如果你讀到這裡，對於生物多樣性、其價值、受到的威脅及解決辦法，應該已經了解得比絕大部分的人更多。但絕不要就此止步！

如果有某些方面特別吸引你，像是你想認識某一群物種、想知道該如何在你的社區支持那些生物多樣性行動，或甚至讓自己成為一個生物多樣性學家，那就去做吧！這個世界正極度需要自然的擁護者，而改變就從你開始。你真的可以發揮作用，讓世界不同。

註釋 ————

1. 譯註：氣候正效益（Climate Positive）即負碳排放，是一種透過吸收利用或消除比排放量更多的二氧化碳，來產生環境效益的碳管理體系，更優於低碳排放與淨零排放。
2. 原書註：還有其他選擇；但重要的是，iNaturalist這個應用程式不會向用戶提供具有商業價值的稀有或受威脅物種的精確座標，因為這些資訊可能會被盜獵者濫用，例如，盜獵在南非就是一個日益嚴重的問題。

結語
展望未來

　　童年的我，是沐浴在大自然永無止境的美之中成長的。在巴西溫暖的夜裡，父親和我總是邊聊天邊用一具小望遠鏡來探索星空，看那宇宙無法想像的浩瀚深邃與數不盡的繁星，還有身處在一個世界生物多樣性最高的國家裡，周遭包羅萬象的生命形式。

　　我何其幸運，但其實所有人都是，能夠共享這個不可思議的星球！即使有諸多揣測，我們對於「外面那裡」還有沒有任何像這樣的星球，其實一點頭緒都沒有；倘若真的有，也應該是離我們遠到得花幾百萬年才到得了，而且也不可能給我們「在家」的感覺。所以，我們不該放棄地球！它的生物複雜性是一個獨一無二的宇宙，可惜大部分尚未被揭曉，卻正以前所未有的速度在消失中。

　　我最常被問到的一個問題就是：我對此是不是樂觀的，我是否還抱持著希望。身為一個科學工作者，我的觀點形成是來自證據，也就是事情在今天的狀況如何、它們如何隨時間演變，以及數學模式能預測什麼。而真相是，事情看起來真的很糟，而且前景非常黯淡。無論怎麼說，我們都離遏止生物多樣

性喪失很遙遠，更遑論讓情勢逆轉。在一個由我過去的博士班學生托比亞斯・安德曼（Tobias Andermann）所主持的研究中，我們估計人類的活動已經導致哺乳動物的滅絕率，比自然水準增加了一千七百倍。假若目前這種趨勢持續下去，這個數字在本世紀末之前，將會成為三萬倍。

因此，樂觀與希望在這裡都不重要，真正要緊的是行動。1972年，瑞典總理奧洛夫・帕爾梅（Olof Palme）邀請了世界各國領袖參加聯合國第一次的環境會議，並在會議中敦促他們合力處理持續愈演愈烈的環境破壞情況。從那時候起，各國總是不斷透過條約與協定，來設下充滿雄心壯志的共同目標，以尋求達成這個目的，但那些承諾幾乎從未兌現。2010年，有一百九十四個國家及區域，承諾以2020年為期限，要透過二十個明確目標來遏止生物多樣性喪失。事實上在那個期限終了時，根本沒有達成任何一個目標。

究竟要到何時，我們才會了解人類是在自掘墳墓呢？在2001年到2020年之間，有四億一千一百萬公頃的森林（相當於兩個墨西哥的面積）被大量砍伐而消失了，主要是在農業活動擴張的迫使下。然而，在全世界最貧困的人口當中，卻同時又有90%以上得仰賴森林為生，因此，森林的消失正危及他們的未來。

事情不能再這樣繼續下去了。我們必須讓「保護生物多樣性」與「復原被破壞的生態」，成為社會各部門關注的首要焦點。所有人都必須採取行動，在家裡、地方的社區與國家的政

府，還有在全球的舞台上。有鑑於這對我們的未來是如此重要，聯合國已經將生物多樣性置於它對地球未來願景的核心，在永續發展目標（Sustainable Development Goals）的架構下（目標十四：水域中的生命；目標十五：陸域上的生命）。

或許有人會質疑，我們得因此在自然界投入大筆時間與金錢，但明明這個世界還有這麼多社會及經濟問題。然而，將全球的注意力與資源集中在保護及復育自然上，不僅有助於遏止生物多樣性在現今有目共睹的災難性喪失，也讓我們都能直接受益。

守護生物多樣性直接有利於維繫永續的生計來源，使我們過著一種較具價值且健康的生活；它能增加全球食物供應的安全性，降低我們經歷大規模饑荒、乾旱的可能性，而這些都是導致人們被迫離鄉背井、社會衝突與戰爭的主因；它能確保我們獲取關鍵甚至是稀有藥用植物的機會，以幫忙治療並拯救生命；它也有助於保護集水區，保持且調節自然棲息環境，並為人類和農業活動提供乾淨水源；它更能強化我們在氣候變遷下的韌性，因為氣候變遷將繼續考驗著人類未來幾十年或幾世紀的生死存亡。

這裡所列出的項目還不夠完整，保護並修復這個隱藏宇宙的好處，多到有如天上繁星那般無法一一細數。假若我們打算以人類這個物種的身分，繼續共同生活並生存下去，就得在它全數消失且一切都太晚之前，先全面評估自然界給了我們什麼，以及需要我們做些什麼。

老實說，我的確還是保持樂觀且懷有很大的希望，但我的焦慮程度也是等量的。那是每天早上鞭策我起床的三種感受，也讓我選擇投身這一行，並督促我寫這本書。

然而，我所抱持的希望，並不是「無論如何，事情總會變好」；而是相信終究會有夠多的人，包括我們的政治領袖，能了解除非徹底改變我們的生活型態，扭轉我們做事的優先順序，否則別無他法。

我的樂觀在於，這種社會轉型是在科技的新進展、以自然為本的解決方案，以及本書最後列出的那些行動支持下所發生的，將同時有益人類的福祉及這個星球。而我焦慮的是，這種轉型會曠日廢時，在那太過漫長的過程中，這個世界可能會失去太多的生態系統與物種，甚至包括我們自己。

在人類尋求讓自己繁衍到地球每個角落的過程中，已經有無數物種被我們毀掉，從此一去不復返。然而，只要一百萬個物種是處於受威脅的狀態，而不是全然滅絕，我們就還有機會。沒錯，尋求變革有它的風險，但扭轉情勢是可能的。事實上，只要我們做對，而且現在就開始，情勢的轉變甚至可以很快。我們今天所做的決定，會影響生物多樣性與這個星球的命運數百萬年。

儘管我們在過去犯下無數愚蠢的錯誤，我相信所有人都希望能選擇一個不同的未來。一個我們能與自然和平共處的未來；一個我們不過度需索、只要取走必加以復原的未來。一個美妙的森林仍能留給世代子孫繼續遊玩及讚歎的未來；我在巴

西的童年就是在那樣的森林裡玩耍,享受著把種子與昆蟲蒐集到鞋盒裡的樂趣。這也是一個我們終於了解自己也是動物、是自然不可分離之一部分的未來。

人類是一個不幸發展出自我毀滅能力的物種,我們摧毀了自己的宇宙,破壞了自然的家。但幸運的是,只要我們願意去做,我們也是能夠矯正錯誤、讓事情重回正軌的物種。而我堅信,解決辦法就在所有人身上。

謝辭

　　身為科學工作者，寫一本科普書就像經歷一場探險，有點像是為了尋找新的或鮮為人知的物種，冒險深入亞馬遜雨林，或在東非山區健走。幸運的是，我在這場探險中，得到了許多支持與鼓勵。

　　我想對編輯阿爾伯特・德佩特里羅（Albert DePetrillo）與哈娜・特雷－伍德（Hana Teraie-Wood）致上謝意，感謝他們相信這本書並協助我讓它成形。

　　我想要感謝的有：瑞安・史密斯（Rhian Smith）、約瑟夫・卡拉米亞（Joseph Calamia）、克拉斯・伯恩斯（Claes Bernes）、麥可・布萊特（Michael Bright）、希特・馬勞德（Heater MaLeod）、約瑟芬・麥斯威爾（Josephine Maxwell）所提供的回饋，以及在編輯上的協助；吉娜・富勒洛夫（Gina Fullerlove）、席亞拉・奧沙利文（Ciara O'Sullivan）、麥可・麥卡錫（Michael McCarthy）、艾莉森・佩里戈（Allison Perrigo）從一開始就給予的鼓勵；理查德・德弗雷爾（Richard Deverell）、桑德拉・波特雷爾（Sandra Botterell）全力支持我的構想；莉齊・哈珀（Lizzie Harper）與梅根・斯佩奇

（Meghan Spetch）在哈里斯‧法魯克（Harith Farooq）與史蒂芬‧史密斯（Stephen Smith）的協助下所繪製的精美插圖。

其他還有：馬丁‧安斯沃斯（Martyn Ainsworth）、莫妮卡‧阿拉卡奇（Mónica Arakaki）、埃莉諾‧布萊梅（Elinor Bremen）、貝瑟妮‧卡尼‧阿爾姆羅斯（Bethanie Carney Almroth）、威廉‧貝克（William Baker）、納塔利‧卡納萊斯（Nataly Canales）、保羅‧坎農（Paul Cannon）、馬克‧蔡斯（Mark Chase）、卡莉‧考威爾（Carly Cowell）、亞朗‧戴維斯、維克多‧戴克勒克（Victor Deklerck）、山姆‧杜邦（Sam Dupont）、約翰‧艾克勒夫（Johan Eklöf）、克里斯特‧艾爾修斯（Christer Erséus）、奧斯卡‧佩雷斯‧艾斯科瓦爾（Oscar Pérez Escobar）、凱特‧艾文斯（Kate Evans）、索倫‧法爾比（Søren Faurby）、哈里斯‧法魯克（Harith Farooq）、派特‧加森（Pater Gasson）、凱特‧哈德威克（Kate Hardwick）、烏爾夫‧瓊德柳斯（Ulf Jondelius）、加雷斯‧瓊斯（Gareth Jones）、克爾斯滕‧克努森（Kirsten Knudsen）、馬蒂亞斯‧奧布斯特（Matthias Obst）、卡拉‧馬爾多納多（Carla Maldonado）、馬克‧內斯比特（Mark Nesbitt）、圖拉斯‧尼斯卡寧（Tuulas Niskanen）、卡塔利娜‧皮米恩托（Catalina Pimiento）、雷切爾‧珀登（Rachel Purdon）、海倫‧拉利馬納納（Hélène Ralimanana）、費蘭‧薩約爾（Ferran Sayol）、佩爾‧桑德伯格（Per Sundberg）、瑪莉亞‧沃龍佐娃（Maria Vorontsova）、金‧沃克（Kim Walker）等等，在這本書的個

別主題上協助核查事實，並提供專家建議。

此外，還有太多在邱園、哥特堡、巴西及好幾個國家的優秀同僚與朋友，我無法一一在此列出致謝，這些年來，他們慷慨地與我分享知識，有助於我形成在這個議題上的構想。

最後，我還要對妻子安娜（Anna），以及我們的孩子瑪麗亞（Maria）、克拉拉（Clara）、加布利爾（Gabriel），獻上我所有的愛與感謝。他們在與我共進晚餐時，進行了無數次有關生物多樣性的對話；也協助我開發並親自實踐了許多書中所提到的建議，以找到推廣在家與在外的生活中都能更永續環保的方法；還有我們共同決定撥出家中多年的部分積蓄，以協助保護並復育巴西雨林；本書所有的收益也將全數用來贊助此計畫。

詞彙表

2劃

入侵物種（Invasive species）：一種從其他地區（亦稱非本土或外來）引進，並以某種危害在地生態系統的方式繁殖與擴散的物種。

3劃

大加速（The Great Acceleration）：指1950年代以來，各種與人類活動相關的度量指標急速且無所不在的普遍飆升，如人口成長、森林砍伐率、大氣中的溫室氣體與農業土地利用等。其中某些指標在近年來已經下降。

4劃

冗餘（Redundancy）：一個健康的生態系統裡，許多物種傾向展現類似功能的事實，例如莽原裡以捕食昆蟲爲生的鳥類，或在砂質沙灘裡挖掘的蠕蟲。

分類學（Taxonomy）：將物種之類的生物加以命名、描述並分級歸類的科學。

化石紀錄（Fossil record）：保存在岩石沉積物中的滅絕生物序列，它能告訴我們，物種、生態系統與生命形式如何隨時間以及在不同地區演變。

5劃

功能（Function）：一物種或種群在生態系統中所扮演的角色，經常透過它與其他物種及環境互動而影響生態系統的某特定形態（稱爲性狀）有關。例如，許多眞菌在生態系統中的功能是分解者；貓科動物是肉食者；羚羊和蚱蜢則都是草食動物。

功能多樣性（Funtional diversity）：在某一系統裡，如島嶼或湖泊裡，所有生態的功能種類。

古菌（Archaea）：生命樹上具有生態重要性但鮮爲人知的一個分支，這類微生物與細菌有某些共通點（例如都是單細胞且沒有細胞核），但DNA更近似具細胞核的生物（如植物、眞菌或動物）。

生命形式（Life forms）：生物群（如物種）的另一用語。

生命樹（Tree of life）：一種表現物種如何透過共同祖先彼此相關的圖解方式，其關係乃根據研究結果，或是從物種在基因、形態上的差異推斷而來。與「親緣關係」一詞同義。

生物地理學（Biogeography）：以記錄、了解生物多樣性如何在世界各地分布且如何隨時間演變爲目標的科學。

生物多樣性（Biodiversity）：地球上所有生命的多樣性。這個字縮寫自biological diversity，且至少包含五個組成要素：物種多樣性、基因多樣性、演化（或系譜／親緣）多樣性、功能多樣性與生態系統多樣性。

生物多樣性公約（Convention on Biological Diversity）：一系列由大多數國家共同簽署的國際條約，目的是保護與永續利用全球生物多樣性，並公平合理地分享它所帶來的好處。

生物相／生物群（Biota）：一個地區，如一座島嶼或一個生態系統，所有物種的總和。

生物群（Organism groups）：指互有親緣關係的生物，通常應用在種以上的分類階元。例如，青蛙（包括所有組成物種）形成一生

物群，脊椎動物則是含青蛙在內的更廣義的生物群。

生態系統工程師（Ecosystem engineers）：指在塑造環境上扮演重要角色的物種，例如會修建壩堤的河狸，或是覓食時也連帶為其他鳥類及小型哺乳類提供巢穴的啄木鳥。

生態系統（Ecosystem）：一個特定環境中所有物種與其自然要素相互作用的統稱，如熱帶雨林、莽原或珊瑚礁海域。

生態系統服務（Ecosystem service）：指大自然提供給我們的所有福利，而這在本質上關係到健康且生物多樣化的生態系統。這些服務通常可區分為：支持類（如食物、藥物、纖維、建材）、文化類（如休閒娛樂、生態旅遊），以及調節類（如污染、淨化水源、調節氣候、控制洪患、碳封存）。也請參見「自然對人類的貢獻」。

生態滅絕（Ecocide）：一種建議應加以認可的國際罪行，將個人、企業或政府透過非法、任意的行動而嚴重且大規模破壞環境的行為視同犯罪。

6劃

仿生學（Biomimetrics）：尋求從自然得到啟發或仿效自然的解決方法，以應付工程學上的不同問題及其他社會需求。也稱為 biomimicry。

自然資本（Natural capital）：一個區域或生態系的自然資產，包括所有的生物、土壤、水、空氣和礦物等。

自然對人類的貢獻（Nature's contributions to people）：「生態系統服務」的另一種說法，較明確地涵蓋了生態系統與其生物多樣性在人類生活品質所提供的廣泛非物質貢獻，如精神、文化與休閒娛樂等其他方面的價值。

7劃

形態（Form）：參見「形態學」。

形態學（Morphology）：物種的形態、形狀或結構。儘管有些可能是隱晦種，但大部分的物種在形態上都彼此相異。也稱為「形態」（Form）。

技術領域（Technosphere）：人為建造的部分，包含建築物、街道、機械、鐵路、鑽油平台、人造衛星及許多其他製品。

8劃

亞種（Subspecies）：在「種」之下的次級類別，用來定義一組個體或族群可能隨時間演化成另一物種，但不同亞種的成員之間仍能彼此成功交配繁殖。

定殖（Colonisation）：指物種抵達先前從未定居過的新區域或棲息地，並成功定居下來的過程，例如一種魚在新的湖泊水域裡定殖，或一種鳥來到新大陸。

物候學（Phenology）：研究自然現象的季節時序，諸如樹木何時開花、結果，或某些魚何時進行洄游遷徙。

物種（Species）：生物多樣性最根本也最廣泛使用的單位，最普遍的定義是所有能透過交配繁殖來交換基因的個體。然而，有關物種仍存在許多其他不同概念，沒有能一體適用每種生物群的標準。

物種形成（Speciation）：又稱「種化」，指新物種的形成。

物種面積關係（Species-area relationship）：一種有充分資料可查詢的統計數據，指一地在所有條件不變之下，自然保持的物種數與面積關係。

物種豐富度（Species richness）：一區域內的物種數，也稱為「α-多樣性」、分類多樣性或物種多樣性。

10劃

氣候耐受性（Climatic tolerance）：物種或個體所能耐受或最有利其生存的一組氣候條件，如氣溫變化幅度、降雨量與季節性。

海洋酸化（Ocean acidification）：大氣中濃度增高的二氧化碳所導致的海水酸度上升，對海洋生物有嚴重負面影響。

11劃

基因多樣性（Genetic diversity）：同一族群或物種的個體間所有遺傳物質的種類，包括DNA序列、基因與等位基因（即基因變種）。

基因組（Genome）：生物體內的整套染色體與它們所攜帶的基因訊息，由DNA分子（在病毒則是RNA）所構成。它包括兩類基因：用來製造蛋白質的「編碼」基因，與功能仍具爭議的非編碼基因。

淨零排放（Net zero）：意指中和環境衝擊，經常用來描述一種避免碳排放量隨時間增加的目標，這是透過減少排放與清除先前已釋放的二氧化碳，來緩和全球氣候暖化的一種手段。

12劃

循環生產（Circular production）：產品與服務的製造生產，尋求再使用或回收材料與能源，以達到環境的長期永續性，免除進一步開發自然資源的需求。

植物標本（Herbarium specimen）：壓製在大張檔紙上並附帶詳細標籤的乾燥植物樣本（全株或部分），標籤上包含物種的學名、明確的採集地點與日期、採集者姓名，以及任何其他直接相關的資訊。植物標本會被集中收藏，並廣泛用做科學參考資料。

13劃

塑膠微粒（Microplastics）：塑膠製品或垃圾，如合成纖維外套與塑

膠袋崩解而成的微小塑膠碎塊（小於五公釐），小於一千奈米（即○・○○一公釐）者則稱爲奈米級塑膠微粒。

微生物群落（Microbiome）：共存在一種生物或器官中，例如人的腸道內部的所有微生物（如細菌、病毒和眞菌）。

滅絕債務（Extinction debt）：一地因先前環境破壞而在未來極可能滅絕的物種數。這個數字可以藉物種面積比率與其他生物因子來預測，例如物種與生俱來的基因多樣性，與它們對空間、食物來源及繁殖配偶的要求。

14劃

演化／親緣多樣性（Evolutionary/phylogenetic diversity）：一組物種所獲得的演化史總和，經常是以它們共有祖先後所經過的時間總長，或它們自己當中所累積的基因變異來衡量。

製造資本（Produced capital）：人類所製造的貨物或設施，如建築物、道路、機械及其他形式的基礎設施。

15劃

範圍（Range）：一個物種存在的地理區域。「原生」範圍指的是物種的自然分布範圍；「引進」或「歸化」範圍則是在人爲媒介或意外因素下引進之物種的分布區域。

緯度多樣性梯度（Latitudinal diversity gradient）：大多數生物群（如鳥類、植物和昆蟲）的物種多樣性，在接近赤道處最高，然後往南半球、北半球高緯度地區遞減的現象。

16劃以上

親緣關係（Phylogeny）：顯示物種如何相關的演化樹，也稱爲「生命樹」。

趨同演化（Convergent evolution）：親緣關係很遠的物種（或生物群），因長期處在相似環境壓力下而演化出類似特徵的自然現象。例如：某些美洲仙人掌與非洲大戟屬植物，都以類似方法來適應乾燥環境，或海豚與鮪魚經歷長期演化，皆呈現最有利於快速游動的流線體型。

隱蔽種／隱存種（Cryptic species）：一個物種在形態上看似容易辨識，事實上卻含有多種演化歷程明顯不同的實體，根據其詳細基因或生態分析顯示，應具個別物種地位。

關鍵物種（Keystone species）：在一個生態系統裡對其他物種影響特別重大的物種，例如莽原中的獅子。一旦移除關鍵物種，對其他物種的多樣性與豐富性影響深遠，會從根本上改變一個生態系統的運作方式。

延伸閱讀

　　在努力避免與自然界及科學研究總脫離不了關係的學術用語及艱澀複雜之內容的同時，我也盡己所能地在本書提供正確精準的資訊。以下是我針對一般與特定主題，為有興趣進一步閱讀的人所提供的建議，其中包括本書各章關鍵論述的資料來源。不過，請留意一點，當中並非所有內容都可以自由取閱，尤其是某些科學論著；然而，你幾乎可以不受任何限制地閱讀這些文章的摘要，或向大學圖書館及作者直接詢問是否能索取一份複本。

▶ 有關邱園的使命

Royal Botanic Gardens, Kew, *Our manifesto for change 2021-2030* (2021), Available at: www.kew.org

▶ 我自己的研究

Antonelli Lab, *antonelli-lab.net*, Available at: http://antonelli-lab.net and http://tiny.cc/antonelli

▶ 在邱園圖書館與文獻中進一步探索各主題

Royal Botanic Gardens, Kew, 'Library and Archives.' *kew.org*, Available at: www.kew.org/kew-gardens/whats-in-the-gardens/library-art-and-archives

▶ 使用邱園收藏目錄

Royal Botanic Gardens, Kew, 'Collections Catalogues.' *kew.org*, Available at: www.kew.org/science/collections-and-resources/data-and-digital/collections-catalogues

背景知識：兩個宇宙

▶ 天文學發現 —— 歷史文獻與較近期的研究

Alfred, R., 'Dec. 30, 1924: Hubble Reveals We Are Not Alone.' *Wired* (30 December 2009) , Available at: www.wired.com/2009/12/1230hubble-first-galaxyoutside-milky-way/

Johnson, G., 'Miss Leavitt's Stars: The Untold Story of the Woman Who Discovered How to Measure the Universe'. (W. W. Norton Company, 2015)

NASA, Goddard Space Flight Center, 'Biography of Edwin Powell Hubble (1889 – 1953).' *Nasa.gov*, Available at: asd.gsfc.nasa.gov/archive/hubble/overview/hubble_bio.html

NASA, 'Dark Energy, Dark Matter'. *Science.nasa.gov* (October,2021), Available at: https://science.nasa.gov/astrophysics/focus-areas/what-is-dark-energy

Siegel, Ethan, Starts With A Bang, 'How Much Of The Unobservable Universe Will We Someday Be Able To See?' *Forbes* (5 March 2019), Available at: https://www.forbes.com/sites/startswithabang/2019/03/05/how-much-of-the-unobservable-universe-willwe-someday-be-able-to-see/

► 早期人類對生物多樣性的探索

Ben-Dor, M. *et al.*, 'Man the Fat Hunter: The Demise of Homo erectus and the Emergence of a New Hominin Lineage in the Middle Pleistocene (ca. 400 kyr) Levant.' *PLOS ONE* 6 (2011): e28689, doi: 10.1371/journal. pone.0028689

Brumm, A. *et al.*, 'Age and context of the oldest known hominin fossils from Flores.' *Nature* 534 (2016): 249–253, doi: 10.1038/nature17663

Diamond, J. M., *Guns, Germs and Steel: The Fates of Human Societies* (Jonathan Cape, 1997)

Pan, S.-Y. *et al.*, 'Historical perspective of traditional indigenous medical practices: the current renaissance and conservation of herbal resources.' *Evidence-Based Complementary and Alternative Medicine* (2014): 525340, doi: 10.1155/2014/525340

► 林奈的作品

Blunt, W., *Linnaeus: The Complete Naturalist* (Princeton University Press, 2002)

'Carolus Linnaeus.' *Britannica* (2021),
Available at: https://www.britannica.com/biography/Carolus-Linnaeus

► 生命樹

Baker, W. J. *et al.*, 'A Comprehensive Phylogenomic Platform for Exploring the Angiosperm Tree of Life.' preprint. *Evolutionary Biology* (2021), doi: 10.1101/2021.02.22.431589

Hinchliff, C. E. *et al.*, 'Synthesis of phylogeny and taxonomy into a comprehensive tree of life.' *Proceedings of the National Academy of Sciences* 112 (2015): 12764–12769, doi: 10.1073/pnas.1423041112

➤ 瑞典的海洋生物名錄

Obst, M. *et al.*, 'Marine long-term biodiversity assessment suggests loss of rare species in the Skagerrak and Kattegat region.' *Marine Biodiversity* 48 (2018): 2165–2176, doi: 10.1007/s12526-017-0749-5

Willems, W. *et al.*, 'Meiofauna of the Koster-area, results from a workshop at the Sven Lovén Centre for Marine Sciences (Tjärnö, Sweden).' *Meiofauna Marina* 17 (2009): 1–34

➤ 關於物種多樣性與發現的估計

Costello, M. J. *et al.,* 'Can we name Earth's species before they go extinct?'. *Science 339(6118):413-6* . doi: 10.1126/science.1230318

Locey, K. J. and Lennon, J. T., 'Scaling laws predict global microbial diversity.' *Proceedings of the National Academy of Sciences* 113 (2016): 5970–5975, doi: 10.1073/pnas.1521291113

Mora, C. *et al.*, 'How Many Species Are There on Earth and in the Ocean?' *PLOS Biology* 9 (2011): e1001127, doi: 10.1371/journal.pbio.1001127

Wu, B. *et al.*, 'Current insights into fungal species diversity and perspective on naming the environmental DNA sequences of fungi.' *Mycology* 10 (2019): 127–140, doi: 10.1080/21501203.2019.1614106

➤ 人類體內的微生物群落

Gilbert, J. *et al.*, 'Current understanding of the human microbiome.' *Nature medicine* 24 (2018): 392–400, doi: 10.1038/nm.4517

Huttenhower, C. *et al.*, 'Structure, function and diversity of the healthy human microbiome.' *Nature* 486 (2012): 207–214, doi: 10.1038/ nature11234

'NIH Integrative Human Microbiome Project .' (2021), Available at: https://hmpdacc.org/ihmp/

Yatsunenko, T. *et al.*, 'Human gut microbiome viewed across age and geography.' *Nature*, 486 (2012): 222–227, doi: 10.1038/nature11053

➤ 樹木的昆蟲多樣性

Erwin, T. L. and Scott, J. C., 'Seasonal and Size Patterns, Trophic Structure, and Richness of Coleoptera in the Tropical Arboreal Ecosystem: The Fauna of the Tree Luehea seemannii Triana and Planch in the Canal Zone of Panama.' *The Coleopterists Bulletin* 34 (1980): 305–322

➤ 生物多樣性的多重面向

Swenson, N. G., 'The role of evolutionary processes in producing biodiversity patterns, and the interrelationships between taxonomic, functional and phylogenetic biodiversity.' *American Journal of Botany* 98 (2011): 472–480, doi: 10.3732/ajb.1000289

➤ 原住民的生物多樣性知識

Berlin, B., *Ethnobiological Classification: Principles of Categorization of Plants and Animals in Traditional Societies* (Princeton University Press, 1992)

Gillman, L. N. and Wright, S. D., 'Restoring indigenous names in taxonomy.' *Communications Biology* 3 (2020): 1–3, doi: 10.1038/s42003-020-01344-y

Chapter 1　物種

➤ 英國的蝙蝠

Barlow, K. E. and Jones, G., 'Pipistrellus nathusii (Chiroptera: Vespertilionidae) in Britain in the mating season.' *Journal of Zoology* 240 (1996): 767–773, doi: 10.1111/j.1469-7998.1996.tb05321.x

Bat Conservation Trust: www.bats.org.uk

Jones, G. and Van Parijs, S. M., 'Bimodal Echolocation in Pipistrelle Bats: Are Cryptic Species Present?' *Proceedings: Biological Sciences* 251 (1993): 119–125

➤ 有關蘭花授粉

Antonelli, A. *et al.* 'Pollination of the Lady's slipper orchid (Cypripedium calceolus) in Scandinavia – taxonomic and conservational aspects'. *Nordic Journal of Botany* 27(4): 266-273 (2019).

Knapp, S., *Extraordinary Orchids*. Chicago University Press (2021)

▶ 眞菌的科學發現

Cheek, M. *et al.*, 'New scientific discoveries: Plants and fungi.' *PLANTS, PEOPLE, PLANET* 2 (2020): 371–388, doi: 10.1002/ppp3.10148

Douglas, B., 'The Lost and Found Fungi project.' *Kew Read & Watch* (1 February 2016), Available at: www.kew.org/read-and-watch/lost-and-found-fungi

▶ 世界最大的生物

Anderson, J. B. *et al.*, 'Clonal evolution and genome stability in a 2500-year-old fungal individual.' *Proceedings of the Royal Society B: Biological Sciences* 285 (2018): 20182233, doi: 10.1098/rspb.2018.2233

▶ 猛獁象的DNA

van der Valk, T. *et al.*, 'Million-year-old DNA sheds light on the genomic history of mammoths.' *Nature* 591 (2021): 265–269, doi: 10.1038/s41586-021-03224-9

▶ 物種間的基因流動

Jónsson, H. *et al.*, 'Speciation with gene flow in equids despite extensive chromosomal plasticity.' *Proceedings of the National Academy of Sciences* 111 (2014): 18655–18660

Lexer, C. *et al.*, 'Gene flow and diversification in a species complex of Alcantarea inselberg bromeliads.' *Botanical Journal of the Linnean Society* 181 (2016): 505–520, doi: 10.1111/boj.12372

➤ 尼安德塔人與人類的混血雜交

Green, R. E. *et al.*, 'A Draft Sequence of the Neandertal Genome.'
Science 328 (2010): 710–722, doi: 10.1126/science.1188021

➤ 全球物種觀察

GBIF: The Global Biodiversity Information Facility, '*What is GBIF?*'
(2021), Available at: www.gbif.org/what-is-gbif

➤ 島嶼生物地理學理論

Drakare, S., Lennon, J. J. and Hillebrand, H., 'The imprint of the
geographical, evolutionary and ecological context on species–area
relationships.' *Ecology Letters* 9 (2006): 215–227, doi: 10.1111/j.1461-
0248.2005.00848.x

MacArthur, R., Wilson, E.O., *The Theory of Island Biogeography*.
Princeton University Press (1967)

➤ 亞馬遜雨林的樹種多樣性

ter Steege, H. *et al.*, 'Hyperdominance in the Amazonian Tree Flora.'
Science 342 (2013): 1243092, doi: 10.1126/science.1243092

ter Steege, H. *et al.*, 'Towards a dynamic list of Amazonian tree species.'
Scientific Reports 9 (2019): 3501, doi: 10.1038/s41598-019-40101-y

Valencia, R., Balslev, H. and Paz Y Miño C G., 'High tree alpha-diversity
in Amazonian Ecuador.' *Biodiversity & Conservation* 3 (1994): 21–28,
doi: 10.1007/BF00115330

▶ 物種稀有性

Enquist, B. J. *et al.*, 'The commonness of rarity: Global and future distribution of rarity across land plants.' *Science Advances* 5 (2019): eaaz0414, doi: 10.1126/sciadv.aaz0414

Zizka, A. *et al.*, 'Finding needles in the haystack: where to look for rare species in the American tropics.' *Ecography*, 41 (2018):321–330, doi: 10.1111/ecog.02192

Chapter 2　基因

▶ 咖啡研究

Borrell, J. S. *et al.*, 'The climatic challenge: Which plants will people use in the next century?' *Environmental and Experimental Botany* 170 (2020): 103872, doi: 10.1016/j.envexpbot.2019.103872

Moat, J. *et al.*, 'Resilience potential of the Ethiopian coffee sector under climate change.' *Nature Plants* 3 (2017): 1–14, doi: 10.1038/nplants.2017.81

Davis, A.P. *et al.*, 'Arabica-like flavour in a heat-tolerant wild coffee species'. *Nature Plants* 7 (2021): 413–418. doi: 10.1038/s41477-021-00891-4

▶ 擬白膜盤菌（白蠟樹）

Hill, L. *et al.*, 'The £15 billion cost of ash dieback in Britain.' *Current Biology* 29 (2019): R315–R316, doi: 10.1016/j.cub.2019.03.033

Stocks, J. J. *et al.*, 'Genomic basis of European ash tree resistance to ash dieback fungus.' *Nature Ecology & Evolution* 3 (2019): 1686–1696, doi: 10.1038/s41559-019-1036-6

➤ 加拉巴哥群島的燕雀

Grant, P. R. and Grant, B. R., 'Unpredictable Evolution in a 30-Year Study of Darwin's Finches.' *Science* 296 (2002): 707–711, doi: 10.1126/science.1070315

Ahmed, F. 'Profile of Peter R. Grant'. *PNAS* 107 (13) (2010): 5703–5705. https://doi.org/10.1073/pnas.1001348107

➤ 人類與果蠅的基因多樣性

Condon, M. A. *et al.*, 'Hidden Neotropical Diversity: Greater Than the Sum of Its Parts.' *Science* 320 (2008): 928–931, doi: 10.1126/science.1155832

National Institutes of Health (US) and Biological Sciences Curriculum Study, *Understanding Human Genetic Variation* (National Institutes of Health (US), 2007).

➤ 哺乳動物的平均壽命

Hagen, O. *et al.,* 'Estimating Age-Dependent Extinction: Contrasting Evidence from Fossils and Phylogenies'. *Systematic Biology* 67(3): 458–473, doi: 10.1093/sysbio/syx082

➤ 棗椰樹的古DNA

Pérez-Escobar, O. A. *et al.*, 'Archaeogenomics of a ~2,100-yearold Egyptian leaf provides a new timestamp on date palm domestication.'

preprint. *bioRxiv* (2020), doi: 10.1101/2020.11.26.400408

➤ 邱園千禧年種子銀行夥伴關係

'Kew Millennium Seed Bank.', *kew.org,* Available at: www.kew.org/wakehurst/whats-at-wakehurst/millennium-seed-bank

'Celebrating 20 years of the Millennium Seed Bank and Millennium Seed Bank Partnership.' *Samara* 36 (2020): 1-20

Chapter 3 演化

➤ 袋狼的滅絕

Boyce, J., 'Canine Revolution: The Social and Environmental Impact of the Introduction of the Dog to Tasmania.' *Environmental History* 11 (2006): 102–129, doi: 10.1093/envhis/11.1.102

Brass, K., 'The $55,000 search to find a Tasmanian tiger.' *Australian Women's Weekly* (24 September 1980): 40-41

'Thylacine.' *Britannica* (2021), Available at: https://www.britannica.com/animal/thylacine

➤ 物種間的時間估算

Kumar, S. *et al.*, 'TimeTree: A Resource for Timelines, Timetrees, and Divergence Times.' *Molecular Biology and Evolution* 34 (2017): 1812–1819, doi: 10.1093/molbev/msx116

➤ 演化多樣性的各種計算方式

Tucker, C. M. *et al.*, 'A guide to phylogenetic metrics for conservation, community ecology and macroecology.' *Biological Reviews* 92 (2017): 698–715, doi: 10.1111/brv.12252

Chapter 4　功能

➤ 高山地區的實驗性研究

The GLORIA Network: www.gloria.ac.at/network/general

Swiss Federal Institute for Forest, Snow and Landscape Research WSL, 'International Tundra Experiment ITEX.' *wsl.ch,* Available at: www.wsl.ch/en/projects/tundra-experiment

➤ 功能多樣性與性狀

Lefcheck, J., 'What is functional diversity, and why do we care?' *sample (ECOLOGY)* (20 October 2014). Available at: jonlefcheck.net/2014/10/20/what-is-functionaldiversity-and-why-do-we-care-2/

Shi, Y. *et al.*, 'Tree species classification using plant functional traits from LiDAR and hyperspectral data.' *International Journal of Applied Earth Observation and Geoinformation* 73 (2018): 207–219, doi: 10.1016/j.jag.2018.06.018

Stuart-Smith, R. D. *et al.*, 'Integrating abundance and functional traits reveals new global hotspots of fish diversity.' *Nature* 501 (2013): 539–542, doi: 10.1038/nature12529

Chapter 5　生態系

➤ 洪保德的遊歷與事蹟貢獻

'Alexander von Humboldt Anniversary collection.' *Nature ecology & evolution* (30 August 2019), Available at: www.nature.com/collections/ceaeaabjia/

'Humboldt's legacy.' *Nature Ecology & Evolution* 3 (2019): 1265–1266, doi: 10.1038/s41559-019-0980-5

Journal of Biogeography 46(8) (2019): i-iv, 1625-1900

Rooks, T., 'How Alexander von Humboldt put South America on the map.' *Deutsche Welle (DW)* (12 July 2019), Available at: p.dw.com/p/39v70

Wulf, A., *The Invention of Nature: The Adventures of Alexander von Humboldt, the Lost Hero of Science* (Hodder & Stoughton: 2015)

➤ 生態系統及其界線

Antonelli, A., 'Biogeography: Drivers of bioregionalization.' *Nature Ecology & Evolution* 1 (2017): 0114, oi: 10.1038/s41559-017-0114

Arakaki, M. *et al.*, 'Contemporaneous and recent radiations of the world's major succulent plant lineages'. *Proceedings of the National Academy of Sciences* 108 (20): 8379–8384 (2011). doi: 10.1073/pnas.1100628108

'Köppen climate classification.' *Britannica* (2021), Available at: https://www.britannica.com/science/Koppenclimate-Classification

➤ 大型生態系裡的轉移變動

Cooper, G. S., Willcock, S. and Dearing, J. A., 'Regime shifts occur disproportionately faster in larger ecosystems.' *Nature Communications* 11 (2020): 1175, doi: 10.1038/s41467-020-15029-x

➤ 鹹海之死

Synott, M., 'Sins of the Aral Sea.' *National Geographic* (1 June 2015), Available at: www.nationalgeographic.com/magazine/article/vanishing-aral-sea-kazakhstan-uzbekistan

Chapter 6 為了人類自己

➤ 有關咖啡家族植物（包括奎寧）的研究，分別由同事與我所進行（節錄）

Andersson, L. and Antonelli, A., 'Phylogeny of the tribe Cinchoneae (Rubiaceae), its position in Cinchonoideae, and description of a new genus, Ciliosemina.' *TAXON* 54 (2005): 17–28, doi: 10.2307/25065412

Antonelli, A. *et al.*, 'Tracing the impact of the Andean uplift on Neotropical plant evolution.' *Proceedings of the National Academy of Sciences* 106 (2009): 9749–9754, doi: 10.1073/pnas.0811421106

Traverso, V., 'The tree that changed the world map'. *BBC Travel.*, Available at: https://www.bbc.com/travel/article/20200527-thetree-that-changed-the-world-map

Walker, K., Nesbitt, M., *Just the Tonic: A natural history of tonic water*. (Royal Botanic Gardens, Kew, 2019)

➤ 馬蹄蟹（鱟）

Arnold, C., 'Horseshoe crab blood is key to making a COVID-19 vaccine—but the ecosystem may suffer.' *National Geographic* (2 July 2020) Available at: www.nationalgeographic.com/animals/article/covid-vaccine-needs-horseshoe-crab-blood

➤ 植物與眞菌的多種用途

Antonelli, A. *et al.*, *State of the World's Plants and Fungi 2020* (Royal Botanic Gardens, Kew, 2020), doi: 10.34885/172

Royal Botanic Gardens, Kew (ed.), 'Special Issue: Protecting and sustainably using the world's plants and fungi.' *PLANTS, PEOPLE, PLANET* 2 (2020): 367-579, Available at: nph.onlinelibrary.wiley.com/toc/25722611/2020/2/5

➤ 植物是微量營養素的來源

'11 Plant-Based Foods Packed With Zinc.' *EcoWatch* (7 April 2016), Available at: www.ecowatch.com/11-plant-based-foods-packedwith-zinc-1891079003.html

Thomas, L., 'Sources of Selenium.' *News-Medical.net* (14 April 2021), Available at: www.news-medical.net/health/Sources-of-Selenium.aspx

Ware, M., 'Selenium: What it does and how much you need.' *Medical News Today* (19 May 2021), Available at: www.medicalnewstoday.com/articles/287842

➤ 香蕉枯萎病

Dita, M. *et al.*, 'Fusarium Wilt of Banana: Current Knowledge on Epidemiology and Research Needs Toward Sustainable Disease Management.' *Frontiers in Plant Science* 9 (2018): 1468, doi: 10.3389/fpls.2018.01468

Espiner, T., 'Do we need to worry about banana blight?' *BBC News* (15 August 2019), Available at: www.bbc.com/news/business-49331286

FAO (Food and Agriculture Organization), 'Banana facts and figures.' *fao.org,* Available at: www.fao.org/economic/est/est-commodities/bananas/bananafacts#.YOhfUehKg2w

➤ 生物多樣性是一種資產

Dasgupta, P., *The economics of biodiversity: the Dasgupta review: full report* (HM Treasury, 2021)

➤ 適應氣候之作物的早期利用

Madella, M. *et al.*, 'Microbotanical Evidence of Domestic Cereals in Africa 7000 Years Ago.' *PLOS ONE* 9 (2014): e110177, doi: 10.1371/journal.pone.0110177

Reed, K. and Ryan, P., 'Lessons from the past and the future of food.' *World Archaeology* 51 (2019): 1–16, doi: 10.1080/00438243.2019.1610492

Chapter 7　為了大自然

► 聖經節錄

Mclaughlin, R. P., 'A Meatless Dominion: Genesis 1 and the Ideal of Vegetarianism.' *Biblical Theology Bulletin* 47 (2017): 144–154, doi: 10.1177/0146107917715587

► 鯨魚的分解

Glover, A., 'What happens when whales die?' *NHM - What on Earth?,* Available at: www.nhm.ac.uk/discover/what-happens-whenwhales-die.html

► 狼被重新引進黃石公園

Farquhar, B., 'Wolf Reintroduction Changes Yellowstone Ecosystem.' *Yellowstone National Park* (30 June 2021), Available at: www.yellowstonepark.com/things-to-do/wildlife/wolf-reintroduction-changes-ecosystem/

Peglar, T., 'What Happened to Yellowstone's Wolves After Reintroduction in 1995?' *Yellowstone National Park* (30 June 2021), Available at: www.yellowstonepark.com/park/conservation/yellowstone-wolves-reintroduction/

Smith, D.W., Stahler, D.R., MacNulty, D.R. (eds.), *Yellowstone Wolves: Science and Discovery in the World's First National Park* (Chicago University Press, 2020).

▶ 關鍵物種

Biologydictionary.net Editors, 'Keystone Species – Definition and Examples.' *Biology Dictionary* (25 December 2017), Available at: biologydictionary.net/keystone-species/

BirdNote and McCann, M., 'Woodpeckers as Keystone Species.' *Audubon* (20 August 2013), Available at: www.audubon.org/news/woodpeckers-keystonespecies

▶ 夏威夷半邊蓮

Antonelli, A., 'Have giant lobelias evolved several times independently? Life form shifts and historical biogeography of the cosmopolitan and highly diverse subfamily Lobelioideae (Campanulaceae).' *BMC Biology* 7 (2009): 82, doi: 10.1186/1741-7007-7-82

Givnish, T. J. *et al.*, 'Origin, adaptive radiation and diversification of the Hawaiian lobeliads (Asterales: Campanulaceae).' *Proceedings of the Royal Society B: Biological Sciences* 276 (2009): 407–416, doi: 10.1098/rspb.2008.1204

Chapter 8　為了物種本身

▶《華盛頓郵報》專欄評論

Antonelli, A. and Perrigo, A., 'Opinion | We must protect biodiversity.' *Washington Post* (15 December 2017).Available at: www.washingtonpost.com/opinions/2017/12/15/53e6147c-e0f7-11e7-b2e9-8c636f076c76_story.html

Antonelli, A. and Perrigo, A., 'The science and ethics of extinction.' *Nature Ecology & Evolution* 2 (2018): 581, doi: 10.1038/s41559-018-0500-z

Pyron, R. A., 'Perspective | We don't need to save endangered species. Extinction is part of evolution.' *Washington Post* (22 November 2017). Available at: www.washingtonpost.com/outlook/we-dontneed-to-save-endangered-species-extinction-is-part-ofevolution/2017/11/21/57fc5658-cdb4-11e7-a1a3-0d1e45a6de3d_story.html

▶ 自然的權利

GARN (Global Alliance for the Rights of Nature), 'What is Rights of Nature?' *rightsofnature.org,* Available at: www.therightsofnature.org/what-is-rights-ofnature/

'Rights of nature.' *United Nations* (2021), Available at: http://www.harmonywithnatureun.org/rightsOfNaturePolicies/

▶ 有關亞馬遜大火的部落格文章

Antonelli, A., 'The Amazon is burning. Will the world just watch?' *Kew Read & Watch* (23 August 2019), Available at: www.kew.org/read-and-watch/amazon-fires-brazil

Chapter 9　棲息地流失

▶ 棲息地流失與土地利用集約化對生物多樣性的影響

Díaz, S. *et al.*, 'Pervasive human-driven decline of life on Earth points to the need for transformative change.' *Science* 366 (2019): 1327, doi:

10.1126/science.aax3100

Ellis, E. C. *et al.*, 'People have shaped most of terrestrial nature for at least 12,000 years.' *Proceedings of the National Academy of Sciences* 118 (2021): e2023483118 doi: 10.1073/pnas.2023483118

Godfray, H. C. J. *et al.*, 'Meat consumption, health, and the environment.' *Science* 361 (2018): 243, doi: 10.1126/science.aam5324

► 大加速時代與它的減緩

Dorling, D. *Slowdown: The end of the Great Acceleration – and Why It's Good for the Planet, the Economy, and Our Lives*. (Yale University Press, 2020).

► 關於魔鬼洞鱂魚

NatureServe, 'IUCN Red List of Threatened Species: Cyprinodon diabolis.' *IUCN Red List of Threatened Species* (2014), Available at: www.iucnredlist.org/species/6149/15362335

► 昆蟲數量的銳減

Hallmann, C. A. *et al.*, 'More than 75 percent decline over 27 years in total flying insect biomass in protected areas.' *PLOS ONE* 12 (2017): e0185809, doi: 10.1371/journal.pone.0185809

McCarthy, M., *The moth snowstorm: nature and joy* (John Murray, 2015)

Seibold, S. *et al.*, 'Arthropod decline in grasslands and forests is associated with landscape-level drivers' *Nature* 574 (2019):671–674, doi: 10.1038/s41586-019-1684-3

▶ 濕地的流失

Davidson, N. C., 'How much wetland has the world lost? Long-term and recent trends in global wetland area.' *Marine and Freshwater Research* 65 (2014): 934–941, doi: 10.1071/MF14173

▶ 馬達加斯加島的草原

Solofondranohatra, C. L. *et al.*, 'Fire and grazing determined grasslands of central Madagascar represent ancient assemblages.' *Proceedings of the Royal Society B: Biological Sciences* 287 (2020): 20200598, doi: 10.1098/rspb.2020.0598

Chapter 10　開發與利用

▶ 爬蟲類寵物交易

Marshall, B. M., Strine, C. and Hughes, A. C., 'Thousands of reptile species threatened by under-regulated global trade.'*Nature Communications* 11 (2020): 4738.doi: 10.1038/s41467-020-18523-4

▶ 木材產業與木材鑑定

Meier, E., 'Restricted and Endangered Wood Species*.' The Wood Database,* Available at: www.wood-database.com/wood-articles/restrictedand-endangered-wood-species/

World Forest ID*:* worldforestid.org

World Bank, 'Forests Generate Jobs and Incomes.' *worldbank. org* (16 March 2016), Available at: www.worldbank.org/en/topic/forests/brief/forestsgenerate-jobs-and-incomes

WWF (World Wildlife Fund), 'Responsible Forestry | Timber.' *worldwildlife.org,* Available at: www.worldwildlife.org/industries/timber

➤ 象牙及森林象數量的銳減

Barnes, R.F.W., 'Is there a future for elephants in West Africa?'. *Mammal Review* 29(3): 175–200. (04 January 2002). doi: 10.1046/j.1365-2907. 1999.00044.x

Flamingh, A. de *et al.*, 'Sourcing Elephant Ivory from a Sixteenth-Century Portuguese Shipwreck.' *Current Biology* 31 (2021): 621-628.e4, doi: 10.1016/j.cub.2020.10.086

Sayol, F. *et al.,* 'Anthropogenic extinctions conceal widespread evolution of flightlessness in birds'. *Science Advances* 6 (49).(2020), doi: 10.1126/ sciadv.abb6095

Temming, M., 'Ivory from a 16th century shipwreck reveals new details about African elephants.' *Science News* (17 December 2020), Available at: www.sciencenews.org/article/ivory-shipwreckafrican-elephants-tusk-dna-bom-jesus

Chapter 11　氣候變遷

➤ 降雨的變化

Hausfather, Z., 'Explainer: What climate models tell us about future rainfall.' *Carbon Brief* (19 January 2018), Available at: www.carbonbrief. org/explainer-what-climatemodels-tell-us-about-future-rainfall

► 溫室氣體的來源

C2ES (Center for Climate and Energy Solutions), 'Global Emissions.' *c2es.org* (6 January 2020), Available at: www.c2es.org/content/ international-emissions/

► 人類的氣候棲位（climatic niche）

Gorvett, Z., 'The never-ending battle over the best office temperature.' *BBC Worklife* (20 June 2016), Available at: www.bbc.com/worklife/ article/20160617-thenever-ending-battle-over-the-best-office-temperature

Xu, C. *et al.*, 'Future of the human climate niche.' *Proceedings of the National Academy of Sciences* 117 (2020): 11350–11355, doi: 10.1073/ pnas.1910114117

► 適應或擴散遷移，在氣候變遷中生存下來

Quintero, I. and Wiens, J. J., 'Rates of projected climate change dramatically exceed past rates of climatic niche evolution among vertebrate species.' *Ecology Letters* 16 (2013): 1095–1103. doi: 10.1111/ele.12144

Román-Palacios, C. and Wiens, J. J., 'Recent responses to climate change reveal the drivers of species extinction and survival.' *Proceedings of the National Academy of Sciences* 117 (2020): 4211–4217, doi: 10.1073/ pnas.1913007117

► 山地、氣候與生物多樣性

Hoorn, C., Perrigo, A. and Antonelli, A. (eds.), *Mountains, Climate and Biodiversity* (Wiley Blackwell, 2018)

Perrigo, A., Hoorn, C. and Antonelli, A., 'Why mountains matter for biodiversity.' *Journal of Biogeography* 47 (2020): 315–325, doi: 10.1111/jbi.13731

► 已記錄的物種分布範圍轉移

Morueta-Holme, N. *et al.*, 'Strong upslope shifts in Chimborazo's vegetation over two centuries since Humboldt.' *Proceedings of the National Academy of Sciences* 112 (2015): 12741–12745, doi: 10.1073/pnas.1509938112（另請參閱線上文章連結的兩封信，分別在由 Feeley 和 Rehm〔2015年〕以及 Sklenár〔2016年〕撰寫，這兩封信進一步討論並幫助完善本文的研究結果。）

Parmesan, C. *et al.*, 'Poleward shifts in geographical ranges of butterfly species associated with regional warming.' *Nature* 399 (1999): 579–583, doi: 10.1038/21181

Parmesan, C. and Yohe, G., 'A globally coherent fingerprint of climate change impacts across natural systems.' *Nature* 421 (2003): 37–42, doi: 10.1038/nature01286

► 物候現象變遷

BBC, 'Japan's cherry blossom "earliest peak since 812".' *BBC News* (30 March 2021), Available at: www.bbc.com/news/world-asia-56574142

► 極地物種面對的衝擊

WWF (World Wildlife Fund), '11 Arctic species affected by climate change.' *wwf.org,* Available at: www.wwf.org.uk/updates/11-arctic-speciesaffected-climate-change

➤ 珊瑚礁與氣候變遷

IUCN (International Union for Conservation of Nature), 'Coral reefs and climate change.' *IUCN Issues Brief* (6 November 2017), Available at: www.iucn.org/resources/issues-briefs/coral-reefsand-climate-change

➤ 暖化1.5℃與2℃的差異

Thompson, A., 'What's in a Half a Degree? 2 Very Different Future Climates.' *Scientific American* (17 October 2018), Available at: www.scientificamerican.com/article/whats-in-ahalf-a-degree-2-very-different-future-climates/

Warren, R. *et al.*, 'The projected effect on insects, vertebrates, and plants of limiting global warming to 1.5°C rather than 2°C.' *Science* 360 (2018): 791–795, doi: 10.1126/science.aar3646

➤ 碳排放與海洋酸化

Doney, S. C. *et al.*, 'Ocean Acidification: The Other CO2 Problem.' *Annual Review of Marine Science* 1 (2009): 169–192, doi: 10.1146/annurev.marine.010908.163834

Dupont, S. and Pörtner, H., 'Get ready for ocean acidification.' *Nature* 498 (2013): 429–429, doi: 10.1038/498429a

'Global CO2-emissions.' *The World Counts* , Available at: www.theworldcounts.com/challenges/climatechange/global-warming/global-co2-emissions/story

► 極端天氣

Leslie, T., Byrd, J. and Hoad, N., 'See how global warming has changed the world since your childhood.' *ABC News* (5 December 2019), Available at: www.abc.net.au/news/2019-12-06/how-climatechange-has-impacted-your-life/11766018

► 澳洲野火

BBC, 'Australian bush fires: Royal Botanic Gardens storing seeds.' *BBC News* (7 February 2020), Available at: www.bbc.com/news/uk-england-51414320

Gutiérrez, P. *et al.*, 'How fires have spread to previously untouched parts of the world.' *The Guardian* (19 February 2021), Available at: www.theguardian.com/environment/nginteractive/2021/feb/19/how-fires-have-spread-to-previouslyuntouched-parts-of-the-world

Readfearn, G. and Morton, A., 'Almost 3 billion animals affected by Australian bushfires, report shows.' *The Guardian* (28 July 2020), Available at: www.theguardian.com/environment/2020/jul/28/almost-3-billion-animals-affected-by-australian-megafiresreport-shows-aoe

Chapter 12　其他隱憂與危險

► 入侵瓦解作用

Crego, R. D., Jiménez, J. E. and Rozzi, R., 'A synergistic trio of invasive mammals? Facilitative interactions among beavers, muskrats, and mink at the southern end of the Americas.' *Biological Invasions* 18 (2016): 1923–1938, doi: 10.1007/s10530-016-1135-0

▶ 入侵瑞典的牡蠣

Swedish Agency for Marine and Water Management: www.havochvatten.
se/en/start.html

▶ 海洋污染

National Geographic Society, 'Marine Pollution.' *nationalgeographic.org*
(3 July 2019), Available at: www.nationalgeographic.org/encyclopedia/
marine-pollution/

▶ 海鳥誤食塑膠垃圾

Briggs, H., 'Plastic pollution: "Hidden" chemicals build up in seabirds.'
BBC News (31 January 2020), Available at: www.bbc.com/news/
scienceenvironment-51285103

▶ 塑膠與人類的健康

Rasool, F. N. *et al.*, 'Isolation and characterization of human pathogenic
multidrug resistant bacteria associated with plastic litter collected in
Zanzibar.' *Journal of Hazardous Materials* 405 (2021): 124591, doi:
10.1016/j.jhazmat.2020.124591

Vethaak, A. D. and Legler, J., 'Microplastics and human health.' *Science*
371 (2021): 672–674, doi: 10.1126/science.abe5041

▶ 避孕藥及其對魚類的影響

Kidd, K. A. *et al.*, 'Collapse of a fish population after exposure to a
synthetic estrogen.' *Proceedings of the National Academy of Sciences* 104
(2007): 8897–8901, doi: 10.1073/pnas.0609568104

Nikoleris, L., *The estrogen receptor in fish and effects of synthetic estrogens in the environment – Ecological and evolutionary perspectives and societal awareness*. PhD Thesis. (Centre for Environmental and Climate Science (CEC) and Department of Biology, Faculty of Science, Lund University, 2016)

► 化學污染

UNEP (United Nations Environment Programme), 'Global Chemicals Outlook II. From Legacies to Innovative Solutions: Implementing the 2030 Agenda for Sustainable Development' *unep.org,* Available at: https://www.unep.org/explore-topics/chemicalswaste/what-we-do/policy-and-governance/global-chemicalsoutlook

'The Different Kinds of Chemical Pollution.' *The World Counts ,* Available at: www.theworldcounts.com/stories/Chemical_Pollution_Examples

Wang, Z. *et al.*, 'Toward a Global Understanding of Chemical Pollution: A First Comprehensive Analysis of National and Regional Chemical Inventories.' *Environmental Science & Technology* 54 (2020): 2575–2584, doi: 10.1021/acs.est.9b06379

► 淡水魚類數量的減少

WWF (World Wildlife Fund) *et al.*, *The World's Forgotten Fishes* (WWF, 2021)

► 光害污染

Irwin, A., 'The dark side of light: how artificial lighting is harming the natural world.' *Nature* 553 (2018): 268–270, doi: 10.1038/d41586-018-00665-7

Owens, A. C. S. *et al.*, 'Light pollution is a driver of insect declines.' *Biological Conservation* 241 (2020): 108259, doi: 10.1016/j. biocon.2019.108259

UNEP (United Nations Environment Programme), 'Global light pollution is affecting ecosystems—what can we do?' *unep.org* (13 March 2020), Available at: www.unep.org/news-and-stories/story/global-lightpollution-affecting-ecosystems-what-can-we-do

➤ 海洋中的噪音污染

Duarte, C. M. *et al.*, 'The soundscape of the Anthropocene ocean.' *Science* 371 (2021): 583, doi: 10.1126/science.aba4658

➤ 野生動植物傳染病

Daszak, P., Cunningham, A. A. and Hyatt, A. D., 'Emerging Infectious Diseases of Wildlife – Threats to Biodiversity and Human Health.' *Science* 287 (2000): 443–449, doi: 10.1126/science.287.5452.443

Grange, Z. L. *et al.*, 'Ranking the risk of animal-to-human spillover for newly discovered viruses.' *Proceedings of the National Academy of Sciences* 118 (2021), doi: 10.1073/pnas.2002324118

Morand, S. and Lajaunie, C., 'Outbreaks of Vector-Borne and Zoonotic Diseases Are Associated With Changes in Forest Cover and Oil Palm Expansion at Global Scale.' *Frontiers in Veterinary Science* 8 (2021): 661063, doi: 10.3389/fvets.2021.661063

Scheele, B. C. *et al.*, 'Amphibian fungal panzootic causes catastrophic and ongoing loss of biodiversity.' *Science* 363(2019): pp. 1459–1463, doi: 10.1126/science.aav0379

Chapter 13　宏觀的解決辦法

➤ 森林再造的黃金法則與宣言

Brewer, G., '10 golden rules for restoring forests.' *Kew Read & Watch* (26 January 2021)., Available at: www.kew.org/read-and-watch/10-golden-rules-forreforestation

The Declaration Drafting Committee, 'Kew declaration on reforestation for biodiversity, carbon capture and livelihoods'.*Plants, People, Planet.* (12 October 2021), Available at: doi: 10.1002/ppp3.10230

Sacco, A. D. *et al.*, 'Ten golden rules for reforestation to optimize carbon sequestration, biodiversity recovery and livelihood benefits.' *Global Change Biology* 27 (2021): 1328–1348, doi: 10.1111/gcb.15498

➤ 森林再造研討會

Royal Botanic Gardens, Kew, 'Reforestation for Biodiversity, Carbon Capture and Livelihoods Conference.' *kew.org* (24-26 February 2021). Available at: www.kew.org/science/engage/get-involved/conferences/reforestation-biodiversity-carbon-capture-livelihoods

➤ 以自然為本的解決方案

Nature-Based Solutions Initiative: www.naturebasedsolutionsinitiative.org/

➤ 遏止生物多樣性喪失

Díaz, S. *et al.*, 'Pervasive human-driven decline of life on Earth points to the need for transformative change.' *Science* 366(2019): 1327, doi: 10.1126/science.aax3100

Leclère, D. *et al.*: 'Bending the curve of terrestrial biodiversity needs an integrated strategy.' *Nature* 585 (2020): 551–556, doi: 10.1038/s41586-020-2705-y.

➤ 道路的總長與對生物多樣性的衝擊

Barber, C. P. *et al.*, 'Roads, deforestation, and the mitigating effect of protected areas in the Amazon.' *Biological Conservation* 177 (2014): 203–209, doi: 10.1016/j.biocon.2014.07.004

Hoff, K. and Marlow, R., 'Impacts of vehicle road traffic on desert tortoise populations with consideration of conservation of tortoise habitat in southern Nevada.' *Chelonian Conservation and Biology* 4 (2002): 449–456

➤ 保護區的效益

Geldmann, J. *et al.*, 'A global analysis of management capacity and ecological outcomes in terrestrial protected areas.' *Conservation Letters* 11 (2018): e12434, doi: 10.1111/conl.12434

Geldmann, J. *et al.*, 'A global-level assessment of the effectiveness of protected areas at resisting anthropogenic pressures.' *Proceedings of the National Academy of Sciences* 116(2019): 23209–23215, doi: 10.1073/pnas.1908221116

Watson, J. E. M. *et al.*, 'The performance and potential of protected areas.' *Nature* 515 (2014): 67–73, doi: 10.1038/nature13947

➤ 勘測植物保育優先區域

Kew Science News, 'Ebo Forest logging plans suspended.' *Kew Read & Watch* (19 August 2020), Available at www.kew.org/read-and-watch/ebo-forest-loggingsuspended

'Tropical Important Plant Areas (TIPAs).' *kew.org,* Available at: www.kew.org/science/our-science/projects/tropical-important-plant-areas

➤ 保育觀點的演變

Mace, G. M., 'Whose conservation?' *Science* 345 (2014): 1558–1560, doi: 10.1126/science.1254704

➤ 生態滅絕

Antonelli, A. and Thiel, P., 'Ecocide must be listed alongside genocide as an international crime.' *The Guardian* (22 June 2021). Available at: www.theguardian.com/environment/commentisfree/2021/jun/22/ecocide-must-be-listed-alongsidegenocide-as-an-international-aoe

Stop Ecocide International: www.stopecocide.earth

➤ 含氟表面活性劑成分（PFAS）

EPA (United States Environmental Protection Agency), 'Basic Information on PFAS.' *epa.gov,* Available at: www.epa.gov/pfas/basic-information-pfas

Schrenk, D. *et al.*, 'Risk to human health related to the presence of perfluoroalkyl substances in food.' *EFSA Journal* 18(2020): e06223, doi: 10.2903/j.efsa.2020.6223

Silva, A. O. D. *et al.*, 'PFAS Exposure Pathways for Humans and Wildlife: A Synthesis of Current Knowledge and Key Gaps in Understanding.' *Environmental Toxicology and Chemistry* 40(2021): 631–657, doi: 10.1002/etc.4935

➤ 未來的糧食消費量

FAO (Food and Agriculture Organization), *The future of food and agriculture – Trends and challenges* (Food and Agriculture Organization of the United Nations, 2017).

Potter, N., 'Can We Grow More Food in 50 Years Than in All of History?' *ABC News* (2 October 2009), Available at: abcnews.go.com/ Technology/world-hunger-50-years-food-history/story?id=8736358

➤ 食物浪費

Depta, L., 'Global Food Waste and its Environmental Impact.' *reset.org* (September 2018), Available at: en.reset.org/knowledge/global-food-waste-and-itsenvironmental-impact-09122018

FAO Technical Platform on the Measurement and Reduction of Food Loss and Waste: www.fao.org/platform-food-loss-waste/en/

USDA (U.S. Department of Agriculture), 'Food Waste FAQs.' *usda.gov,* Available at: www.usda.gov/foodwaste/faqs

➤ 仿生學

'Biomimetics.' *Wikipedia* (2021) Available at: en.wikipedia.org/w/index. php?title=Biomimetics&oldid=1032654369

➤ 自然資本與製造資本的投資

Dasgupta, P., *The economics of biodiversity: the Dasgupta review: full report* (HM Treasury, 2021)

➤ 延遲行動的代價

Vivid Economics and Natural History Museum, *The Urgency of Biodiversity Action* (Natural History Museum, 2021)

➤ 紐西蘭在經濟成長之外的另類選擇

Te Tai Ōhanga – The Treasury, 'Wellbeing Budget 2021: Securing Our Recovery.' *treasury.govt.nz* (2021), Available at: www.treasury.govt.nz/ publications/wellbeingbudget/wellbeing-budget-2021-securing-our-recovery-html

Chapter 14　個人能做的事

改變飲食

➤ 肉品消費對環境與健康的影響

Godfray, H. C. J. *et al.*, 'Meat consumption, health, and the environment.' *Science* 361 (2018): 243, doi: 10.1126/science.aam5324

Mekonnen, M. M. and Hoekstra, A. Y., *The green, blue and grey water footprint of farm animals and animal products* (UNESCOIHE Institute for Water Education, 2010)

Pimentel, D. and Pimentel, M., 'Sustainability of meat-based and plant-based diets and the environment.' *The American Journal of Clinical Nutrition* 78 (2003): 660S-663S, doi: 10.1093/ajcn/78.3.660S

► 抗生素的外洩

Chen, N., 'Maps Reveal Extent of China's Antibiotics Pollution.' *News Updates - Chinese Academy of Sciences* (15 July 2015), Available at: english.cas.cn/newsroom/archive/news_archive/nu2015/201507/t20150715_150362.shtml

Tiseo, K. *et al.*, 'Global Trends in Antimicrobial Use in Food Animals from 2017 to 2030.' *Antibiotics* 9 (2020): 918, doi: 10.3390/antibiotics9120918

► 以昆蟲爲食

van Huis, A. *et al.*, *Edible insects: future prospects for food and feed security* (Food and Agriculture Organization of the United Nations, 2013)

► 尚未利用的植物與眞菌多樣性

Antonelli, A. *et al.*, *State of the World's Plants and Fungi 2020* (Royal Botanic Gardens, Kew, 2020), doi: 10.34885/172

Royal Botanic Gardens, Kew (ed.), 'Special Issue: Protecting and sustainably using the world's plants and fungi.' *PLANTS, PEOPLE, PLANET* 2 (2020): 367-579, Available at: nph.onlinelibrary.wiley.com/toc/25722611/2020/2/5

► 菌蛋白／眞菌

Department of Food Science University of Copenhagen (UCPH FOOD), 'Growing sustainable oyster mushrooms on by-products.' *Department of Food Science News* (2 July 2020), Available at: food.ku.dk/english/news/2020/growingsustainable-oyster-mushrooms-on-by-products/

Souza Filho, P. F. *et al.*, 'Mycoprotein: environmental impact and health aspects.' *World Journal of Microbiology and Biotechnology* 35 (2019): 147, doi: 10.1007/s11274-019-2723-9

► 藻類生產

Sudhakar, M. P. and Viswanaathan, S. 'Algae as a Sustainable and Renewable Bioresource for Bio-Fuel Production' in Singh, J. S. and Singh, D. P. (eds) *New and Future Developments in Microbial Biotechnology and Bioengineering* (Elsevier, 2019), pp.77–84, doi: 10.1016/B978-0-444-64191-5.00006-7

► 浪費食物

Freier, A., 'Pity the Ugly Carrot – It Could Reduce Our Food Waste.' *Medium* (27 September 2019), Available at: anne-f.medium.com/pity-the-ugly-carrot-it-couldreduce-our-food-waste-ed8fb037ba36

► 有關公司企業走向永續經營的倡議

Sustainable Markets Initiative: www.sustainable-markets.org/home

United Nations Global Compact: https://www.unglobalcompact.org/

調整居家生活方式

▶ 棉花與其他纖維來源

Cherrett, N. *et al., Ecological footprint and water analysis of cotton, hemp and polyester. Report prepared for and reviewed by BioRegional Development Group and World Wide Fund for Nature – Cymru* (Stockholm Environment Institute, 2005)

Rana, S. *et al.*, 'Carbon Footprint of Textile and Clothing Products' in Muthu, S. S. (ed.) *Handbook of Sustainable Apparel Production* (CRC Press, 2015), doi: 10.1201/b18428

The Ettitude Team, 'Rayon, Modal, Lyocell – Who's the Fairest of Them All?' *ettitude journal* (1 July 2017), Available at: ettitude.com/impact/whos-the-fairest-of-them-all

▶ 瀕危樹種木材

BGCI (Botanic Gardens Conservation International), 'ThreatSearch.' *bgci.org,* Available at: tools.bgci.org/threat_search.php

Fauna & Flora International and BGCI (Botanic Gardens Conservation International), 'Global Trees Campaign.'*globaltrees.org,* Available at: globaltrees.org

Meier, E., 'Restricted and Endangered Wood Species.' *The Wood Database,* Available at: www.wood-database.com/wood-articles/restrictedand-endangered-wood-species/

▶ 有關清潔劑

BH&G Editors, 'How to Clean Almost Every Surface of Your Home With Vinegar.' *Better Homes & Gardens* (10 March 2020), Available at: www.bhg.com/homekeeping/house-cleaning/tips/cleaning-with-vinegar/

▶ 有關化妝品

Botanical Trader, 'Are Cosmetics Bad For The Environment?' *Botanical Trader* (20 January 2019), Available at: botanicaltrader.com/blogs/news/how-your-beautyproducts-are-killing-coral-reefs-turtles-rainforests-more

▶ 爲氣候所做的家庭計畫

Lunds University, 'The four lifestyle choices that most reduce your carbon footprint.' *Lunds University News* (12 July 2017), Available at: www.lunduniversity.lu.se/article/four-lifestylechoices-most-reduce-your-carbon-footprint

Wynes, S. and Nicholas, K. A., 'The climate mitigation gap: education and government recommendations miss the most effective individual actions.' *Environmental Research Letters* 12 (2017): 074024, doi: 10.1088/1748-9326/aa7541

▶ 烹煮的能源消耗

Hager, T. J. and Morawicki, R., 'Energy consumption during cooking in the residential sector of developed nations: a review.' *Food Policy* 40 (2013): 54–63, doi: 10.1016/j.foodpol.2013.02.003

➤ 太陽能

Evans, S., 'Solar is now "cheapest electricity in history", confirms IEA.' *Carbon Brief* (13 October 2020). Available at: www.carbonbrief.org/solar-is-now-cheapestelectricity-in-history-confirms-iea

➤ 貓對生物多樣性的衝擊

Farmer, C. and Sizemore, G., 'For Rare Hawaiian Birds, Cats Are Unwelcome Neighbors.' *Birdcalls – News and Perspectives on Bird Conservation* (27 February 2016). Available at: abcbirds.org/for-rare-hawaiian-birds-cats-unwelcome/

Hawaii Invasive Species Council, 'Feral Cats.' *dlnr.hawaii.gov* (21 January 2016), Available at: dlnr.hawaii.gov/hisc/info/invasive-species-profiles/feral-cats/

Loss, S. R., Will, T. and Marra, P. P., 'The impact of freeranging domestic cats on wildlife of the United States.' *Nature Communications* 4 (2013): 1396, doi: 10.1038/ncomms2380

Medina, F. M. *et al.*, 'A global review of the impacts of invasive cats on island endangered vertebrates.' *Global Change Biology* 17 (2011): 3503–3510, doi: 10.1111/j.1365-2486.2011.02464.x

Platt, J. R., 'Hawaii's Invasive Predator Catastrophe.' *The Revelator* (24 June 2020), Available at: therevelator.org/hawaii-predator-catastrophe/

➤ 寵物狗與貓的食物消費對環境的衝擊

Okin, G. S., 'Environmental impacts of food consumption by dogs and cats.' *PLOS ONE* 12: e0181301 (2017), doi: 10.1371/journal.pone.0181301

➤ 狗與倉鼠對環境的衝擊之對照

Power, J., 'How big is your pet's environmental paw-print?' *The Sydney Morning Herald* (1 September 2019), Available at: www.smh.com.au/environment/sustainability/how-big-is-your-pet-s-environmental-paw-print-20190830-p52mbz.html

➤ 讓狗與貓吃素食的挑戰

Dowling, S., 'Can you feed cats and dogs a vegan diet?' *BBC Future* (4 March 2020), Available at: www.bbc.com/future/article/20200304-can-youfeed-cats-and-dogs-a-vegan-diet

我們的後院

➤ 都會地帶人口

Ritchie, H. and Roser, M., 'Urbanization.' *Our World in Data* (2018), Available at: ourworldindata.org/urbanization.

➤ 花園之於生物多樣性的角色

Gaston, K. J. *et al.*, 'Urban domestic gardens (II): experimental tests of methods for increasing biodiversity.' *Biodiversity & Conservation* 14 (2005): 395, doi: 10.1007/s10531-004-6066-x

交通運輸

➤ 不同旅行方式的碳足跡

Ritchie, H., 'Which form of transport has the smallest carbon footprint?' *Our World in Data* (2020), Available at: ourworldindata.org/travel-carbon-footprint.

➤ 來自車輛的空氣污染

EPA (United States Environmental Protection Agency), 'Research on Health Effects, Exposure, & Risk from Mobile Source Pollution.' *epa.gov* (7 December 2016), Available at: www.epa.gov/mobile-source-pollution/researchhealth-effects-exposure-risk-mobile-source-pollution

➤ 通勤距離

Textor, C., 'Average distance travelled for commuting purposes in China in 2020, by city size (in kilometers)', *Statista* (10 June 2020), Available at: www.statista.com/statistics/1121851/china-averagecommute-distance-by-city-size/

發揮個人軟實力

➤ 英國軍隊的碳排放量

Parkinson, S. and SGR (Scientists for Global Responsibility), *The Environmental Impacts of the UK Military Sector* (Scientists for Global Responsibility & Declassified UK, 2020)

➤ 降低公司企業對環境的衝擊

Carbon Literacy: https://carbonliteracy.com/

Carbon Offset Guide: www.offsetguide.org

Race To Zero: https://unfccc.int/climate-action/race-to-zero-campaign

Science Based Targets: sciencebasedtargets.org

Sustainability at the workplace: https://www.wwf.org.uk/sites/default/

files/2020-08/WWF UK Sustainable Office Guide 2020.pdf

https://juliesbicycle.com/resources-green-office-guide-2015/

➤ 產品標示的進展與挑戰

Perrigo, A. *et al.*, 'The full impact of supermarket products.' *Springer Nature Sustainability Community* (16 July 2020), Available at: sustainabilitycommunity.springernature.com/posts/the-full-impact-of-supermarket-products

投資與其他行動

➤ 盜獵大象

Gill, V., 'Extinction: Elephants driven to the brink by poaching.' *BBC News* (25 March 2021). Available at: www.bbc.com/news/science-environment-56510593

➤ 美國的捐獻比例

Charity Navigator, 'Giving Statistics.' *charitynavigator.org* (2018), Available at: www.charitynavigator.org/index.cfm?bay=content.view&cpid=42

➤ 資金過度投注於指標性動物的問題

Bee, S., 'F*ck The Pandas: Ugly Animals Deserve Your Attention Too.' *Full Frontal with Samantha Bee* (28 January 2021), Available at: www.youtube.com/watch?app=desktop&v=fy4IhJrSJT4&feature=youtu.be#dialog

► 我們的年金是如何被運用的

Mustoe, H., 'What's your pension invested in?' *BBC News* (7 March 2021). Available at: www.bbc.com/news/business-56170726

Simon, E., 'Majority of workers don't know where pension funds invested.' *Corporate Adviser* (18 December 2019). Available at: corporate-adviser.com/majority-of-workers-dontknow-where-pension-funds-invested/

結語

► 人為因素導致哺乳動物滅絕的規模

Andermann, T. *et al.*, 'The past and future human impact on mammalian diversity.' *Science Advances* 6 (2020): eabb2313, doi: 10.1126/sciadv. abb2313

► 奧洛夫・帕爾梅的演說

Palme, O., 'Statement by Prime Minister Olof Palme in the Plenary Meeting, June, 6, 1972' in *UN Conference on the Human Environment* (Swedish Delegation to the UN Conference on the Human Environment, 1972)

The speech on video: https://www.youtube.com/watch?v=0dGIsMEQYgI

► 二十項愛知（Aitchi）生物多樣性目標的實踐結果

Díaz, S. *et al.*, 'Pervasive human-driven decline of life on Earth points to the need for transformative change.' *Science* 366 (2019): 1327, doi: 10.1126/science.aax3100

Secretariat of the Convention on Biological Diversity, *Global Biodiversity Outlook 5* (Montreal, 2020)

➤ 全球森林喪失

Global Forest Watch: www.globalforestwatch.org

Global Forest Watch, 'Global Forest Watch Dashboard.' *g fw. global,* Available at: gfw.global/3iWrd5p.

➤ 2020年世界森林概況

FAO (Food and Agriculture Organization) and UNEP (United Nations Environment Programme), *The State of the World's Forests 2020.* (FAO and UNEP, 2020), doi: 10.4060/ca8642en

➤ 永續發展目標

United Nations, 'The 17 Sustainable Development Goals.' *sdgs. un.org* (2015), Available at: sdgs.un.org/goals

➤ 與自然和平共處

UNEP (United Nations Environment Programme), *Making Peace with Nature: A scientific blueprint to tackle the climate, biodiversity and pollution emergencies* (Nairobi, 2021)

圖片來源

索引

隱藏的宇宙：
生物多樣性，關於物種、基因、演化、功能和生態系統的驚奇故事

作　　者──亞歷山卓‧安東內利　　　發 行 人──蘇拾平
　　　　　（Alexandre Antonelli）　總 編 輯──蘇拾平
譯　　者──鐘寶珍　　　　　　　　　編 輯 部──王曉瑩、曾志傑
特約編輯──洪禎璐　　　　　　　　　行銷企劃──黃羿潔
　　　　　　　　　　　　　　　　　　業 務 部──王綬晨、邱紹溢、劉文雅

出 版 社──本事出版
發　　行──大雁出版基地
　　　　　新北市新店區北新路三段 207-3 號 5 樓
　　　　　電話：(02) 8913-1005　傳真：(02) 8913-1056
　　　　　E-mail：andbooks@andbooks.com.tw
劃撥帳號── 19983379　戶名：大雁文化事業股份有限公司

美術設計── COPY
內頁排版──陳瑜安工作室
印　　刷──上晴彩色印刷製版有限公司
2024 年 01 月初版
定價 520 元

THE HIDDEN UNIVERSE: ADVENTURES IN BIODIVERSITY
Copyright © Board of Trustees of the Royal Botanic Gardens, Kew 2022
First published as THE HIDDEN UNIVERSE in 2022 by Ebury Press, an imprint of Ebury Publishing.
Ebury Publishing is part of the Penguin Random House group of companies.
Traditional Chinese edition copyright © 2024 Motifpress Publishing, a division of And Publishing Ltd.
Translated under licence from Ebury Publishing a division of The Random House Group Limited
arranged through Big Apple Agency, Inc., Labuan, Malaysia.
All rights reserved.

國家圖書館出版品預行編目資料

隱藏的宇宙：生物多樣性，關於物種、基因、演化、功能和生態系統的驚奇故事
亞歷山卓‧安東內利（Alexandre Antonelli）／著　鐘寶珍／譯
---. 初版.— 新北市；本事出版：大雁文化發行，2024 年 01 月
　面　；　公分 .—
譯自：THE HIDDEN UNIVERSE: ADVENTURES IN BIODIVERSITY
ISBN 978-626-7074-71-8（平裝）
1. CST: 生物多樣性　2. CST: 自然保育

360.15　　　　　　　　　　　　　　112017974